当代欧洲城市景观的视听感知体验研究

刘芳芳 著

知识产权出版社
全国百佳图书出版单位
——北京——

图书在版编目（CIP）数据

当代欧洲城市景观的视听感知体验研究／刘芳芳著. —北京：知识产权出版社，2022.8

ISBN 978-7-5130-7442-1

Ⅰ.①当… Ⅱ.①刘… Ⅲ.①城市景观—景观设计—研究—欧洲—现代 Ⅳ.①TU984.1

中国版本图书馆 CIP 数据核字（2021）第 040233 号

责任编辑：张　冰　　　　　　　　责任校对：谷　洋

封面设计：杰意飞扬·张悦　　　　责任印制：孙婷婷

当代欧洲城市景观的视听感知体验研究

刘芳芳　著

出版发行：知识产权出版社有限责任公司		网　　址：http://www.ipph.cn	
社　　址：北京市海淀区气象路 50 号院		邮　　编：100081	
责编电话：010-82000860 转 8024		责编邮箱：740666854@qq.com	
发行电话：010-82000860 转 8101/8102		发行传真：010-82000893/82005070/82000270	
印　　刷：北京建宏印刷有限公司		经　　销：新华书店、各大网上书店及相关专业书店	
开　　本：710mm×1000mm　1/16		印　　张：16.25	
版　　次：2022 年 8 月第 1 版		印　　次：2022 年 8 月第 1 次印刷	
字　　数：271 千字		定　　价：89.00 元	
ISBN 978-7-5130-7442-1			

序

　　纵观社会历史变迁，人们认识和理解的社会环境中的视听信息纷繁复杂，其发展脉络与社会的发展和生活品质的提升息息相关。对于城市环境设计和景观规划师而言，全方位理解使用者的视听环境需求是设计出适合现代生活的视听环境的前提条件。

　　该书着眼于当代欧洲城市景观的视听感知体验研究，从人的基本需求层面洞察我们对城市视听环境信息的理解，通过实地考察中欧（捷克和德国）、西欧（英国和法国）和南欧（意大利和西班牙）的典型城市，问卷访谈当地居民，运用扎根理论程序分析与社会学统计分析等方法，探讨何为声景、何为城市视觉感知的逻辑秩序、人们如何认识城市和理解视听信息、如何设计我们的城市视听环境。

　　该书是作者博士期间的阶段性研究成果，研究范围涉及建筑学、景观学、城市规划学、生理学和社会心理学等，期望对城市设计有一定参考价值。

康健

2021 年 10 月

前　言

随着城市生活品质的不断提升，目前存在的城市景观问题主要表现在不能满足人们对环境质量日益提高的需求。因此，在新的城市生活方式的可持续转向、社会个体公共利益的要求提高和城市景观审美感知价值不断提升等多因素的现实背景条件下，本书指出满足人们对城市景观品质的视听感官需求是景观可持续发展的首要问题之一。

城市景观感知的主体是人，在人的基本属性中首先要满足的就是视觉和听觉等感官的基本功能需要。人与景观主客体的交互模式自然不是以往人们认为的简单的视觉能够涵盖的，人们原本就是以视听等多维度感知的形式在关注景观，只有了解人对城市景观的基本视听感知体验规律，才有助于城市景观的视听品质提升，才能理解城市景观真正的价值。

本书通过实地考察中欧（捷克和德国）、西欧（英国和法国）和南欧（意大利和西班牙）的典型城市，将视频、音频和图像资料作为基础资料收集内容，采取问卷访谈当地居民、扎根理论程序分析与社会学统计分析等方法，并结合现有英国伦敦大学（UCL）实验室开发的空间句法系列软件和心理认知学的眼动仪实验设备等评测技术手段，就城市景观感知的视觉和听觉两方面展开基础调查和评测研究工作。由于研究范围涉及建筑学、景观学、城市规划学、生理学和社会心理学等多学科的交叉，因此，研究方法采取定量和定性相结合的方式。全书采用了总分总式的研究框架，重点研究内容如下。

首先，在马斯洛需要层次理论和威尔伯意识谱理论的基础上，结合意大利威尼斯城市实地调研的视景体验和文献调查，得出视感知体验的金字塔层级模式，指出我国城市景观目前面临的五个层面的问题；在问卷调查访谈英国谢菲尔德城市居民的基础上，运用扎根理论分析程序得出城市声景主观认知的五种类属模式。以上视听主观认知的两项成果可供我国城市景观视听感知理论的相关研究借鉴。

其次，以首座世界文化遗产城市捷克首都布拉格的景观为视景特色研究案例，从微观、中观、宏观三个层面进行视景特色的设计与控制措施分析。其中，利用 54 个被试样本进行眼动仪实验，发现部分景观节点的眼动规律。这一发现有利于城市设计或景观设计领域的视景设计实践。

再次，在保证性别和年龄匹配度的基础上，通过基于语义细分法下的声感知八项因子评估和对统计数据进行独立样本 t 检验得出在声感知、声喜好类型、冬夏季节声感受、城市印象声的感知序列、城市综合环境要素（光环境、景观环境、空气质量、拥挤程度）的评价中，两性差异均无统计学意义（$p > 0.05$）。此研究结论可为城市声环境的标准制定提供理论实验支持。

最后，基于英国谢菲尔德城市居民声景问卷调查，进行定量和定性分析，得出地区声景特色的评测数值，指出需要改善的城市声源类型，并提出声感知的问题，为城市声环境特色的声源定位和声环境质量提升提供依据。城市声景历史和未来意象的定性分析可对城市声环境未来的设计方向提供直接的意见和建议。谢菲尔德城市声景特色研究的定量和定性评测过程和结论可为我国城市声景特色保护和声质量提升提供样本参考。

虽然随着我国经济社会持续发展，城市化进程步伐逐步加快，但是工业革命促使欧洲的城市化实现早于亚洲、非洲、美洲。欧洲城市景观的视听感知研究在一定程度上能够对我国城市景观视听质量的提升和视听特色的探索提供理论与方法借鉴。

作者
2021 年 8 月

目 录

第 1 章

绪 论

1.1 研究背景

扬·盖尔说："我们首先塑造城市——而后城市塑造我们。"回顾历史，我们看到很多城市规划的行为影响着人们的行为和城市的运行方式。例如，罗马帝国的殖民城镇具有固定管辖性质的布局，即广场（市场）、公共建筑和兵营，这是一种加强其军事作用的程式化布局；又如，中世纪城市短捷的步行距离设计；再如，奥斯曼对巴黎谋略性的城市改造，尤其是宽阔的林荫大道，有助于对人展开军事上的控制，也萌生出城市街道两侧的散步场所和咖啡生活。自 20 世纪 60 年代以来，随着科技的发展，景观发展在宏观上表现为多学科交叉与多观念创新，具体表现为对自然元素加工的深度和广度以及自然元素与人工元素的多种结合方式的应用。我国目前欠缺基于人自身对城市景观感知需要考虑的相关研究，这是我国景观理论提高的根本基点之一，也是建设人性化的城市必须首先进行思考的内容。因此，研究西方城市景观感知体验的实践成果是有必要的，可以为我国在城市化阶段的景观实践提供有益的帮助。

1.1.1 新城市生活方式的可持续转向

目前，我们的城市中仍然存在一些问题：在工业化和前工业化社会中公共空间的神话危机背后的推动力问题（Jacobs，1961；Arendt，1958）；由媒体推动的公共空间的非物质性问题（Castells，1996、1997、1998）；以物质和分离为特征的"恐慌城市"问题（Virilio，2004；Bauman，2005）；城市正在导致一种焦点在环境上的新空间组织相连接的象征性的潜力向城市新生活方式的可持续转向。例如，一个国家的交通运输对于国民经济的增长是必需的。虽然修建道路实现了这种经济的增长，但单单这样却不能够最终满足人们自身更高的追求。也就是说，还需要真正服务于人民，人民的需要包括获得接触自然和观看美丽景色的机会，有更多有收益的事情。因此，我们必须确保大量的资源投入以提高人民的生活质量（Wright and Gitelman，1982），单纯复制一个特殊形态不可能产生好的设计。这里存在一种趋势，即设计的规则会防止一种坏的事情的发生，也会阻止一种好的形式的产生。设计者有聪明的控制力，能够满足技术上的所有需求，但在某种程度上仍然会有规避设计物本身潜在的精神问题的趋势。这种只追求经济增长，不考虑满足人们更高生活品质追求的环境设计行为与倡导人性化城市的最终目标是不一致的。城市公共空间不再是一个民用、军用等的代表，取而代之的是代表民主和个体形式的现代思想。城市公共空间不再指空间形式的争辩（广场、街道等），而是一个与历史发展过程相联系的文化现实，即城市正在引发向新的城市生活方式的可持续转向。

1.1.2　社会个体公共利益要求的提高

在欧洲城市，景观作为一种新的现代公共空间，它对于每个个体都是一种资源，它与每个人的公共利益相连。罗斯金认为：衡量文明的主要标准体现在城市里，衡量城市的主要标准体现在高品质的广场、公园和公共空间中。如果要达到高质量，就需要研究场所的美，以及对其形态进行评价性的分析。这需要理解设计的传统和媒介，并且足够大胆地去运用，研究事物能够怎样，而不是应该怎样，这样才能够提高环境品质。例如，把破落的旧城区改造成生气勃勃的市民文化中心区，就体现了对理念的坚持和设计远见，其中清晰的人性化设计理念非常重要。扬·盖尔也说，在21世纪初，我们能看到的几个新的全球挑战的轮廓，都强调了以人性化维度为更深远目标的重要性。对成功获得充满活力的、安全的、可持续且健康的城市的憧憬已经成为一种普遍的、迫在眉睫的理想。所有这四个目标——充满活力的、安全的、可持续的、健康的——通过提供对步行人群、骑行人群和城市生活的总体关注，能够达到不可估量的巩固与加强。当更多人被吸引来进行尽可能多的步行和骑行，一个充满活力的城市潜能就被强化出来，在公共空间中生活的重要性，特别是社会和文化生活的可能性以及与充满活力的城市相关的吸引点也就被强化出来。只有高质量的景观体验才能实现个体公共利益的提高，即实现人们在公共空间中享受景观环境福利。

1.1.3 城市景观审美感知的价值提升

自 19 世纪中期以来，伴随历史学、社会学和人类学等学科的快速进步，人们开始对文化进行更加深刻的哲学反思。在这样的时代背景下，社会科学、哲学、美学等领域也开始向外拓展，文化结构和各种文化现象的科学研究与日俱增。其中，美学的研究核心发生了转移。转移中最关键的表现是美学思想由强调客体走向强调主体的主观研究趋势。所以，审美已经不仅仅是对客体对象的理解，也不再是一种视觉愉悦感（或满足感），而成为主体以自身全面的感觉在客观世界中肯定自我的活动。全面感觉的实现依靠主体（人）对自己本质真正的拥有，依靠主体对客体抛弃功利的外在超越，从而达到无比自由的高度。也就是说，审美真正的起点是主体心灵的需求，不是外界的所有物质都能够使人们得到愉悦，只有那些被人们心灵所选择的与自身相似的并实现交流的东西才能让人们感到快乐，才能使人从中体验和领悟自身存在的价值和意义。因此，景观的美学体验本身应该是景观使人们在经历世界的过程中能够确认自我和揭示自我，并重塑自我的经历。到了20 世纪后半叶，视景观审美研究成为一个独立的景观研究领域，社会文化价值从相关研究领域中被抽离出来。这一观点后来被生态审美的拥护者所质疑。他们反驳道："什么使景观变得美丽，经常是那些与景观内在本质价值紧密相联系的方面，例如生物多样性，还有它们能够转变我们感知和欣赏美的景观的方式所体现出的价值。"

1.2 研究意义

美国记者、作家简·雅各布斯（Jane Jacobs）于 1961 年出版了她最具影响力的著作《美国大城市的死与生》，她在书中指出汽车数量的迅猛增长和现代主义城市规划思想（分离城市功能且强调单体建筑）是如何导致了忽略人性的社会，另外她还描述了生活品质和享受生活在充满活力的城市中的快乐。这本书已出版半个多世纪了，目前，我国的城市景观面貌和环境品质正如书中所言，仍有许多可提高之处。究其原因，一方面是由人对景观感知体验的复杂性决定的，另一方面是由我国在全球经济中所处的位置和我国景观学科的发展现状所决定的。因此，发展景观视听感知体验研究在一定程度上会促进景观学科的理论研究并推动设计实践的科研探索。

1.2.1 推动城市多功能经济系统的复兴

景观体验的实践研究是一种潜在关系的研究，它回应于广泛的社会、文化、经济、政治力量，表现出必要的时代精神。同时，很多 20 世纪的景观实例能够与全球化资本、技术创新、明显的资源消耗产生多样化的联系。这些 21 世纪的必要的需求焦点在于推动多功能化、对经济系统的服务和复兴。新的景观城市主义的焦点在于强调对过程和系统的操控，这将导致一些拥护者排斥形式主义和将有关审美含义作为景观建筑的组织原则："这是尝试去创新一种环境，不是将设计作为一种生态多样化系统和要素的集合（这种集合植根于作品中多样化网络的关系），而是朝向一种形式上的解决方案和更多地朝向将来设计的公共过程。"（Corner，2006）英国建筑与建成环境委员会空间研究中心（CABE Space）出版的《树会生钱？》《草更绿吗？》《公共空间的价值》等著作就景观的价值问题进行了论述。其中，大量的统计结果说明了舒适和美好场所的优点，并介绍了其对国家和地方国内生产总值（GDP）的价值。英国政府和开发商也渐渐意识到将投资放在设计时间和设计品质上，不但对本地社区有价值，而且获利会更加丰厚。在巴塞罗那市建造住宅之前要先修建公园，这已被开发商认为是提高投资回报的绝佳手段。经过精心设计的城市空间场所可以振奋居民的精神，增强居民的归属感和自信心。因此，关于设计的品质、手法和美感等已经成为可持续的 GDP 增长的核心组成部分，必须尊重环境、尊重人性，把可持续的人们日常生活感知体验作为关注点，满足人们对高品质生活的需求。基于人的视听需要的城市景观的研究能够为提升城市环境的品质服务，促进区域经济系统复兴。

1.2.2 作为景观美学价值改变的驱动力

研究城市景观感知体验其实就是对城市景观的质量、人们对景观的偏好和品位问题进行研究。虽然与景观的生态问题、技术问题相联系的硬性实用科学更实际、具体，也能帮助处理一些技术上的问题，有利于尽快提出解决方案，但是，更加关键的问题是怎样获得一个设计想法，并且这种想法与当地的文化内涵和人文知识相联系，能设计出符合受众人群的审美感受的物理空间形态，创造美好且适宜人们停留和驻足的景观。这是设计的本质。

最近，更多的景观城市主义者重新审视了城市景观变化的驱动力，并针对在全球化气候变化的信号下，如何最好地做到可持续的生态多样性，迎接和实现感知的生物现状和实用主义美学的到来做了许多工作。这就勾画出了一种趋势，即探究景观内在审美体验研究的意义。阿德勒（奥地利）认为：人们感知到的，不是一个简单纯粹的环境，而是环境对人们自身的关键价值。即便是环境中最细微和简单的东西，人的感知也是以人的目的来衡量，我们从来就是以人类自身所给予现实的价值（或意义）来感知它，我们所感知（或体验）的不再是现实世界自身（眼睛看到的那个世界），而是看到的世界经过自我解释后产生的事物。我们无时无刻不在进行审美感知和体验，场所的美需要在其中游走和回味。为什么许多欧洲中世纪老城吸引了世界成千上万的游人、艺术家、音乐家和摄影师频频到访？物质环境的优越当然不用多说，强烈的历史文化氛围则具有更强的磁性。场所的实质性质量是非常重要的，景观审美的职责是创造一种地区的文化识别，一种场所的精神和诗意的栖居。Meyer（2008）和其他的人声称美和审美经验在传达可持续景观的美及可接受性意义和价值上被忽略；同时他们也在发展环境伦理，声称设计是从传递文化价值到有纪念意义的景观形式和空间，这种空间经常被挑战和扩张，从而转变我们对美的看法。同时，后者断言能够被阅读仅仅作为一种生态审美基本原则的重申。这也暗示了在文化价值的多样化范围（包括社会和环境公平）基础上，景观感知体验作为一种景观美学价值改变的驱动力而存在。

1.2.3 利于建立景观感知量化评测系统

目前，我国的城市问题研究处在一个关键的转型时期，即正在从过去的单一建筑学学科走向与地景规划相融合。"走向建筑、地景、城市规划的融合",是吴良镛先生对 20 世纪建筑学发展历程概括性的总结。这主要源于他提出的"人居环境规划设计的整体观"理论,其核心主要是从区域到城乡、城市、社区和建筑应视为互相关联的整体,运用多学科的综合观念,从而建立分层的系统规划。吴良镛先生称,我国正处于城市化进程中具有挑战性的历史阶段,要切实达到创建健康和谐人居环境的目标,必须利用数字城市的方法和概念,建立量化评价指标。但是,对于那些人文科学的内容,因为其不能量化(只能定性分析),该如何应对?目前的问题主要是在面临紧迫的城建项目时,如何应对那些随之而来的繁杂的城市化问题?建筑师和城市规划师如何通过数字化时代的人居环境建设体现文明的价值?同时,作为人基本属性中首先要满足的视觉或其他人性化的感官功能需求,我们究竟考虑了多少?因为人与景观的主体和客体的交互模式不是以往人们认为的简单的视觉景观能够涵盖的,人们应该以视听等多维度感知的角度关注景观的价值。因此,景观体验研究有利于整体城市景观感知量化评测体系的建立。只有通过多官能体验的交互研究和多维度感知经验的积累,才能理解城市景观本身真正的价值。

目前,城市景观品质尚未得到人们的普遍认可,这是由人本身对景观感知体验的复杂性决定的,也符合人自身对生活质量不断提高的要求。科研的终极目标是为大众的生活环境品质提升做出贡献。如果没有一套科学理性的环境感知评测系统,即如果空间设计没有一个客观标准,对旧有的乃至新建的环境设计只凭设计师或开发商主观感觉定方案,那么势必会影响大量急速开展的城市景观实践质量。当前,我国城市景观中的研究实践与理论尚存在脱节现象,特别是在实践操作上尚不能有效进行科学的引导。科学人居环境评价体系包括很多子评价体系。城市景观感知量化评测系统的建立是基于人感知体验角度对城市人居环境质量的控制手段之一。因此,视听感知体验的研究工作应该是其中最基础也是最具有创新性质的工作。

1.3　国内外相关研究

1.3.1　国外研究

国外关于景观理论的研究相对较早。随着环保运动的不断推进，从 20 世纪 60 年代中期到 70 年代初期，英国、美国、德国等国家提出了一系列保护环境和风景资源的方法和法案。其中，在景观研究领域提出的法案大多与景观感知中的视觉感知评价有关。例如，1967 年 5 月，英国景观研究团体（The Landscape Group）组织了景观分析方法座谈研讨会；1975 年，在美国雪城（Syracuse）由纽约州立大学举行的会议，讨论了视觉属性与认知、视觉品质、评估方法及海岸地区视觉品质计划；1979 年，美国内华达州的 Incline Village 举行了专题为"视觉资源分析与管理的应用技术"的大型会议，这些技术包括描述性定性研究、计算机量化研究和心理与社会科学研究[1]。

国际上，景观设计学科的范围涉及城市空间的发展历史、社会、城市景观形态等很多方面，从学科划分角度看，当前景观感知体验研究涵盖了景观学、伦理学、城市规划学、建筑学、系统学、生态学、地理学和哲学等。

在城市空间方面，《城市空间概念：类型学和形态学的元素》的作者 Rob Krie 探讨了"原初"城市空间的理念，对城市街道、广场、具有差异形态的空间和立面部分、建筑平面进行了关于类型学的论述。《第三类型学》的作者安东尼·维德勒（Anthony Vidler）对第一类型学（以自然秩序为核心）、第二类型学（以效率和技术为核心）和第三类型学（以传统城市为精髓）展开了详细阐释。另外，斯皮罗·科斯托夫（Spiro Kostof）出版的《城市的组合：历史进程中的城市形态的元素》（*The City Assembled: The Elements of Urban Form Through History*）是《城市的形成：历史进程中的城市模式和城市意义》（*The City Shaped: Urban Patterns and Meanings Through History*）的姐妹篇，在书中作者分析了城市形态的各构成元素的结构组织特征，包括街道、广场、市场等，以及隐藏在这些城市元素背后的社会经济现实。

在景观体验方面，相关研究主要基于景观美学角度。Jon Lang 在《美学理论》中，一方面从体验美的不同个体的角度研究经验美学，提出环境美学的三个向度（感觉的、礼节的和符号的）；另一方面从心理学和哲学的方向探究内省美学。美国哲学家桑塔亚纳（Santayana）对人们的美学体验的天性基础做出了一些总结。但是，较系统地研究整合景观美学的是 20 世纪 90 年代的美国学者史蒂文·布拉萨（Steven C. Bourassa），他综合了英国地理学家阿普尔顿《景观的经验》中的相关理论与苏联心理学家维果茨基的部分理论，提出了景观美学的三层次架构理论。他的观点与桑塔亚纳相似，同样认为人类存在三种层次或模式的美学经验，但是他提出了审美经验的生物学模式、文化模式和个人模式的三重框架，作为景观美学科目的一种基本的结构。英国学者罗杰·斯克鲁顿撰写的《建筑美学》表达了建筑美学总体概念上的理性与自觉意识。书中的纯理性思维模式是值得在本研究中借鉴的。

在景观理论方面，景观设计师杰弗里·杰里科的层面理论是其中比较重要的。杰里科曾提出景观设计是"一种将心灵融入自然环境中的活动"，并给出了一个与人类进化阶段相关联的人类景观意念不断有组织进化的模型。杰里科认为，对于景观感受而言，人类的心灵有几个叠合在一起的层面，他称之为"透明片"（Transparencies），更为早期和深层的层面不完全地被近期的和浅层的层面所覆盖。"几乎不可知觉的"原始层面是他称为"岩石和水"（Rock and Water）的层面，而这一层面"对于今天的心理没有一种已知的影响"。在底层之上是杰里科称为"森林者"（Forester）的层面，他认为这一层面与我们祖先在亚热带森林中的生存经历有关，它决定了我们的景观欣赏中所有感官层面的偏好，包括我们对花的喜爱。再上面是他命名为"狩猎者"（Hunter）的层面，这一层面是从草原假说直接拿来的。在杰里科看来，在它之上是"定居者"（Settler）层面，这一层面表现为我们向一种以农业生产为生存方式的跃迁，解释了我们对数学秩序的喜爱。对于这点，卡普兰夫妇是用一致性和可读性来解释的。"森林者""狩猎者""定居者"这些层面不仅足够直观和明了，而且来自历史积淀。而第五个层面，依照杰里科的说法，是一个当代增加的层面，这一层面更令人疑惑，他把这一层面称为"航行者"（Voyager），意指人类目前处在一个发现的旅程中。这不是指物质的旅程，而是内心的旅程，这是对从弗洛伊德开始，并且被荣格等人发展和深化了的心理学成果的借用。的确，如果这是一种进入潜意识精神的旅程，那么它将包括所有先前四个层面的遗产，一直到最底层的"岩石和水"层面。杰伊·阿普尔顿（Jay Appleton）认为，空间的任务就是要对我们的一切生理需要提供支持，这一理论就是居住环境理论。那么，它的目的是研究人对居住环境的选择行为，这一选择行为说明了其他生物与其栖居地的关系在本质上就是观察者（感受者人类）与环境（被感受者）之间的关系。

美国学者 F. L. 奥姆斯特德（F. L. Olmsted）、伊恩·麦克哈格（Ian McHarg）和德国地理植物学家特罗尔（Troll）等为景观科学学科系统的建立做出了贡献。在景观科学发展的推动下，景观评价方法和技术得到发展，在实践中逐渐形成专家学派、心理物理学派、认知学派（或心理学派）、经验学派等不同的评价模式[2]。

此外，在景观视觉评价研究方面，托伯特·哈姆林的《构图原理》和 S. E. 拉斯姆森的《建筑体验》等在理论层面进行了探讨；凯文·林奇的《城市意象》、戈登·卡伦的《城镇景观》、E. D. 培根的《城市设计》等著作通过实例研究，推动了城市设计的整合和景观评价理论的发展。

设计实践部分有必要谈及西方比较活跃的新锐景观建筑师们，名单整理如下：

美国——乔治·哈格里夫斯、彼得·沃克、玛莎·施瓦茨、丹·凯利、理查德·哈格等。

英国——杰弗里·杰里科、朱莉·托尔、保罗·库伯、德斯蒙德·缪尔黑德等。

德国——彼得·拉兹、赫伯特·德赖赛特、德特勒夫·伊普森等。

法国——雅克·西蒙、伯纳德·拉萨斯、阿特利尔·阿坎特、吉勒斯·克莱门特等。

澳大利亚——罗伯特·伍德沃得。

墨西哥——马里奥·谢赫楠。

瑞典——莫尼卡·戈拉、J. 伯格伦德、T. 安德松等。

丹麦——J. A. 安德森、S. L. 安德松、汉森等。

日本——佐佐木、枡野俊明、户田芳树、野口勇（日裔美国人）等。

综上所述，国外关于景观体验的相关理论与实践已经取得了丰硕的成果，研究的视角或方法对本研究都具有重要的借鉴意义。

截至目前，国际上知名的景观领域期刊主要刊登的文章中基于大尺度景观的评价与优化的较多，城市区域也多是运用 GIS 卫星定位遥感、航测技术和区域数字化图形处理等方面的研究成果来分析地理数据。神经生理学和认知科学、环境心理学、模糊数学和数字信息化技术集成的发展，也推动了相关城市景观评测的科学化进程。本研究意在基于认知心理学、社会统计学和行为心理等学科的量化工具及评测软件平台，将定量和定性相结合作为主要的研究方法，试图对欧洲城市的景观感知评测和认知体验研究的基础科学工作部分做出探索性的尝试。

1.3.2 国内研究

在国内景观设计实践快速发展背景的推动下，我国景观感知体验的研究主要侧重于理论层面的景观美学理论的研究。

关于景观美学的书籍资料主要有王长俊的《景观美学》，其重点在于解剖普遍的景观美学现象。作者认为景观美学的研究是美学基本原理的具体运用，必须广泛涉猎地理学、生物学、建筑学、民俗学、艺术学、心理学等，因为景观美学与这些学科的相关性较大。《旅游景观美学》主要论述了美学基础、旅游审美心理、山岳景观审美、水体景观审美、生物气候景观审美、中国古建筑景观审美和中国古典园林景观审美等。当然，我国景观美学的研究内容包括诸如风景美学、环境美学、建筑美学、园林美学、园艺美学、声光美学和旅游美学等，这些提法都没有进行综合的规定和研究。

从文化生态视角论述景观的主要有俞孔坚的《景观：文化、生态与感知》、王向荣、林箐的《西方现代景观设计的理论与实践》、王晓俊的《西方现代园林设计》以及俞孔坚和李迪华的《城市景观之路——与市长们交流》，等等。

从建筑与城市美学视角论述景观的主要有《中国建筑美学》（侯幼彬撰写）、"普利茨克建筑奖获奖建筑师系列"丛书（刘松茯等编写）、《城市设计美学》（徐苏宁撰写）等。其中，侯幼彬的《中国建筑美学》是我国建筑美学的奠基之作，书中对我国古代建筑主体（木构架体系）和单体建筑形态、建筑组群形态及其审美艺匠进行了历史考证和详细讲解。徐苏宁的《城市设计美学》是我国较早的城市规划领域的美学论著，已经编入国家建筑学专业教材，是目前我国具有极高参考价值的城市设计美学专著之一。"普利茨克建筑奖获奖建筑师系列"丛书以国际上曾经或目前活跃在设计一线、具有极高知名度的建筑师的作品案例作为基础研究，重点分析和探讨了国际建筑设计大师在建筑创作和形态美学探索中所体现出的思想精髓、设计手法和思维创新等，是我国关于当代西方建筑美学领域自成体系的建筑理论专著之一。总之，以上诸多学者们的理论成果、研究过程和学术理念等都对本研究的总体思路和研究方法提供了较大的启发和借鉴。

在景观感知评价方面，杨公侠的《视觉与视觉环境》主要从视觉、心理学、人类功效学和照明工程学等多种角度探讨、改进建筑与照明设计，以提高视觉环境的质量。陈宇所著《城市景观的视觉评价》一书主要从景观的价值取向、价值标准和景观评价方法的引入来介绍探索景观的视觉评价。

在城市声环境研究领域，比较著名的有英国学者康健所著《城市声环境》（*Urban Sound Environment*），书中指出对于声音的物理和心理声学方面的特征，声音在社会、历史和文化层面上的意义以及声音与听者和环境之间的关系，人们都应予以全面考虑。但是，截至目前，就景观的视听（或涉及五官）感受体验而言，并没有关于视听综合感知体验方面的专著问世，这也是本研究启动的初衷之一。

1.4　研究内容和方法

1.4.1　研究内容

研究对象的定位是欧洲城市，调查研究的基础资料搜集与实验均是在当代进行，调研范围主要涉及中欧（捷克和德国）、西欧（英国和法国）和南欧（意大利和西班牙）。这样设计的原因是伴随欧洲城市景观演化，工业生产值大幅提升，陆续开展的城市建设使得城市人口大量增多，城市工程陆陆续续扩张建设。在工业蓬勃发展、经济繁荣兴旺的同时，城市规模不断扩大、膨胀，人口密集造成城市环境日益恶化。在经历了半个多世纪的环境治理之后，欧洲城市景观多数处于相对稳定的恢复阶段，并处于工程建设量相对较少的状态。对比而言，我国则是处在经济快速发展与工程建设量和需求量扩大的状态，与半个世纪前的欧洲城市化进程的发展阶段相似。研究欧洲的城市景观实践必然能对我国提供借鉴和启发。此外，欧洲城市无论在物质基础设施建设上，还是在人性化城市理念的体现上也都有其优势。本书是基于走访欧洲城市和当地居民问卷调研访谈的城市景观视听感知体验研究。因此，本书所研究和面向的主要是基于视觉及听觉环境认知的景观系统，是与人的五官感知中的视听紧密联系在一起的景观客体。希望本书能够对我国城市景观视听感知体验的实践起到一定的借鉴作用。

本书共分 5 章，主要内容如下：

第 1 章，绪论。新的城市生活方式的可持续转向、社会个体公共利益要求的提高和城市景观审美感知价值的提升促使了研究的产生，并进一步指出课题的主要意义是推动城市多功能化经济系统的服务复兴和景观体验的视听研究作为景观美学价值改变的驱动力等。

第 2 章，城市景观感知体验的主客体阐释。

（1）论述景观感知体验的主客体的系统构成，阐释主体和客体的交互模式。

（2）论述城市景观感知主体——人的基本属性，对人的感知、需要和思维的属性进行层层递进式解析。

（3）指出城市景观感知客体的定义和本质特征是景观客体认知的基础。

第 3 章，当代欧洲城市的视景感知体验研究。

（1）视景主观认识模式。在马斯洛的需要层次理论和维尔伯的意识谱理论的基础上，结合威尼斯实地考察调研的记录，指出城市的视景金字塔层级理念模式。

（2）视景差异评测。利用 GIS 航拍图数据采集等大的六座欧洲调研城市（伦敦、柏林、布拉格、威尼斯、巴塞罗那、巴黎）中心区的空间数据，利用 UCL 实验室提供的软件对其进行视觉空间形态与轴线分析，对比不同城市的景观视觉深度值、连接度和控制值，得出不同城市的景观视觉感受差异。

（3）视景特色案例研究。以首座世界文化遗产城市布拉格景观为视觉景观特色案例，从城市建筑层面的形态特色，景观层面的区域、轴线和节点，规划层面的十种景观控制系统这三个层次对布拉格城市视景特色进行研究。其中景观节点分析中采用 54 名被试者（调研人数共 57 人，通过瞳孔测试的 54 人）参加眼动仪实验为数据支持，得出与被试者视觉景观持续时间相关的眼动仪热点图（heatmap），分析长时间注视点的视觉形态和色彩特征、景观关注点分布和数量范围等参数，得出城市景观节点的眼动规律。

第 4 章，当代欧洲城市的声景感知体验研究。

（1）声景主观理解模式。成功调查 53 个当地居民样本（调研人数共 100 个，有效问卷 53 份）并进行深入访谈，通过扎根理论分析程序和数据编码，得出声景主观理解模式理论。

（2）声景差异评测。利用调查访谈，在保证性别和年龄匹配度的基础上，选择英国谢菲尔德城市区域为调查范围，通过对统计数据进行独立样本 t 检验和相关统计得出在声感知、声喜好类型、季节声感受、印象声的感知序列、综合环境评价（光环境、景观、空气质量、拥挤程度）方面的主体差异。

（3）声景特色案例研究。研究总结出谢菲尔德城市第一印象声、具有地区文化特色的声源类型、城市居民的声喜好类型、城市地理气候特征下的冬夏季节声、代表城市艺术休闲特色的周末声、值得保护的地区声源类型以及对声环境感知指标（声安静度、声期待度、声舒适度、声清晰度）给予数值评估和意见收集，指出需要改善的声源和城市声环境感知的问题，为城市声环境特色的声源定位和声环境质量提升提供依据。此外，城市声景历史和未来意象的定性分析可对城市声环境未来的设计方向提供直接的意见和建议。

第 5 章，当代欧洲城市景观的视听综合感知体验研究。

（1）阐释城市景观视听体验的思想基础。其中包括基础理论、理念构成、视听交互方式、五官联合效应、经验景观空间和经验体系理论。

（2）结合视听景观综合感知的案例，对场地进行软件视听模拟并对如何进行视听结合进行逐项探讨。

（3）结合研究方法和国际上景观感知评估研究的进程总结得出三种类型

评估方法的启示。

（4）综合所涵盖的城市景观视听感知体验的科研成果，提出针对我国的视景、声景和视听感知综合体验方面的分项策略。

1.4.2 研究方法

本书主要结合心理学、环境声学、社会学、建筑学等学科的相关研究成果与方法对西方城市景观的感知体验进行研究，主要采用了实地考察法以及扎根理论分析法、现象学、解释学、形态学与系统复合学等方法。

1.4.2.1 实地考察法

研究针对具有典型代表性的欧洲国家英国、德国、意大利、捷克、西班牙、法国等的重要城市（伦敦、谢菲尔德、卡迪夫、曼彻斯特、柏林、布拉格、威尼斯、巴塞罗那、马德里、巴黎等）景观进行实地考察论证，收集实际的调研资料，录制视频音频，采集整理图像，并吸取英国谢菲尔德大学图书馆最新的理论学术成果（英国拥有欧洲最大、最系统的景观教育机构与图书馆藏资源，大量的景观理论资料可以作为坚实的资料基础，保证了资料的权威可信）。

1.4.2.2 问卷调查法

在声景感知体验研究部分，采用深入访谈的调查方式。样本采集方式为在城市主干道旁的咖啡馆和可长时间停留的花园休息区内随机抽取被访者。调查过程与访谈时间范围为 30 ～ 120 分钟。问卷从开放式问题开始，例如，"对比童年和现在，你感觉什么声音丢失了？城市中你最希望保留的声音是什么？"其后逐渐进入声感知细节的评分上，例如，声安静度、声舒适度、声吵闹度等方面的数值评价。此外，还有对城市声景意向的主观调查记录。研究目的是明确当地人对城市区域内声特色的体验，收集对地区声景历史与对未来声环境发展性的建议。问卷从问题类型上设计成客观封闭性问题和主观开放性问题（样卷见附录 2 ）。

1.4.2.3 眼动仪测试法

眼动仪测试法要求将结果普遍化（generalization），或对不同用户组（如男、女等）做比较，必须使用定量研究。对于定量研究的样本，目前没有确切的结论。统计学家指出，样本一般在 25 人左右就会达到饱和值（再增加数据，对结果也不会有显著影响）。但也有研究认为，50 人是基准线。本次眼动仪实验有效样本总数 54 人（男 24 人，女 30 人），超过了普遍认可量，故认为结果具有普遍的效力。这 54 位视力正常的被试者成功经双眼瞳孔对焦进行眼动仪实验测试。附录 1 为 54 位被测试者 SPSS 详细资料统计数据。在城市景观研究中运用眼动仪测试法还是一次尝试。本研究中运用眼动仪实验发现了景观节点位置人们的眼动规律（实验结果见 3.4.4.3）。

1.4.2.4　软件模拟法

第 3 章和第 5 章分别采用空间句法的系列软件 Depthmap 10 和 Axwoman 模块上的软件模拟城市空间图形和空间轴线差异评测。作者将欧洲六座城市空间大小均为 1061 m×802 m 的区域，基于空间句法中 Visibility Graph Analysis（VGA）法进行空间分析评测，在 UCL 开发的 Depthmap 10 的软件平台下进行操作（具体成果见 3.3.2）。基于 Axwoman 模块基础，作者对欧洲六座城市的道路绘制道路边界图，对照 GIS 航拍图进行基于道路宽度和建筑物的进一步详细绘制，然后应用 Axwoman 对城市轴线进行计算，得到各个变量的值（具体成果见 3.3.3）。附录 4 为具体六座城市空间统计的数据。

1.4.2.5　扎根理论法

扎根理论法是一种定性的研究方法，它是针对一个或一类现象的社会调查而发展起来的一种系统化程序，也是社会学中一种重要的质性研究方法。系统化的程序包括记录、分析、转译、摘记和报告撰写等科学化的步骤。研究方法包括观察、访问、个案史及文件分析等质性研究方法，也使用札记、笔录、录音、录像等方式。这个方法满足了一个好的科学研究所在乎的一些标准，即切中问题，观察与理论配合，研究发现的推广性、再制性，准确、严谨，以及可被验证性。

研究涉及欧洲城市的声景主观性感知问题，必须对当地居民进行深入调查和问卷访谈，这是一种定性问题的研究，也就是"质性"研究。因此，第 4 章主要采用扎根理论法，对采访记录进行编码和程序化分析，最终推导出理论模式（具体分析过程和成果见 4.1.2 和 4.2）。

由于扎根理论法是一种质性研究的资料收集方式，主要经由研究者的观察、录制、访谈三种方式取得（Miller & Crabtree，1992）。每一种方式也非固定的程序，研究者仍有相当程度的选择余地。

（1）观察（observation）：研究者在观察时可以选择完全不参与的方式，仅躲在角落观察记录，也可以选择参与的方式。研究者可以采用半结构式观察，也可以利用地图、量表等工具的半结构、结构式观察。这些选择与研究目的、事前的假设和了解程度有关。

（2）录制（recording）：研究者除了用眼观察并记下笔记作为观察记录的观察方式外，还可以利用录音、录像或混合使用来记录，再加以转译分析。在走访的几个城市中，录像和录音是主要的手段。

（3）访谈（interviewing）：访谈可分非结构式、半结构式及结构式访谈。非结构式访谈往往是以日常生活闲聊式（everyday conversation）或知情（或灵通）人士 / 专家访谈式取得资料（内情）。半结构式访谈是以访谈大纲来进行访谈。对象可以是个人或团体。个人访谈即所谓深入访谈（depth interview），而团体访谈即焦点团体（focus group）。深入访谈是对特定议题深入探问。例如，作者曾利用访谈法参与英国谢菲尔德规划部举办的会议，参与讨论了城市几个中心花园广场的改造评议。

1.4.2.6　社会学统计

调研中的数据采集均采用社会学统计软件 SPSS 16.0 输入数据分析并导出各种类型的分析图。社会学统计软件 SPSS 是目前世界上较为常用的分析软件之一，被广泛地应用在社会学、认知心理学、经济学等专业领域内。随着计算机的普及，应用计算机对教育与管理领域的科学数据进行分析研究也日益普遍。因为社会学统计软件 SPSS 本身有集合数据、程序分析、图表输出和文档记录等多种综合功能，又因为该软件涵盖面广、操作简单、流程清晰和易学易用的特点，可以借助这套软件进行高效率的统计分析。在本书的第 4 章中运用了其部分功能，例如调研人员的数据录入、数据整理、输出图表和独立 t 检验等功能（运用成果见 4.3 和 4.4）。

1.5　研究框架

研究采用总分总式研究框架，如图 1.1 所示。

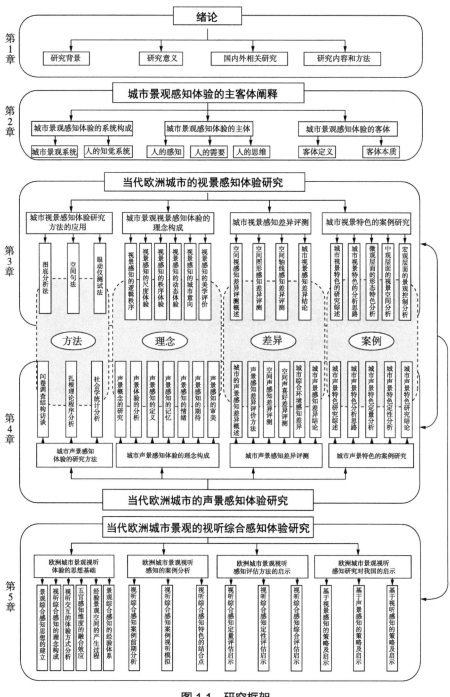

图 1.1　研究框架

第 2 章

城市景观感知体验的主客体阐释

城市景观的使用者或观察者是形形色色的人，他们具有不同的年龄、性别、文化程度、职业、性情，每个人都会根据自己的创造形成一定的城市意象。城市景观规划师渴望创造一个供众人使用的环境，因此，应该以多数人达成共识的群体意向作为城市景观感知的主体。世界上不同的文明形成了不同的感知主体对景观的不同态度和理解，在国际化的背景下，城市移民现象广泛存在，研究将以地域的东西方作为主体概述的主要区分，分析感知主体中存在的东西方思维差异。

本章着重从三方面研究感知体验的主客体：①研究城市景观感知体验的系统构成；②研究城市景观感知体验主体的感知、需要和思维差异；③研究城市景观感知体验客体的定义和本质。以上构成了城市景观感知体验的基础研究部分。

2.1 城市景观感知体验的系统构成

城市景观感知体验的系统构成分为两个部分，即城市景观系统和人的知觉系统。

2.1.1 城市景观系统

英国风景园林师协会（LI）主席内尔·威廉姆逊的代表凯瑟琳·穆尔（Kathryn Moore）在第42届世界风景园林师协会报告中说道："在欧洲，景观日益被认为是'更具有动态发展的永久基础'。景观是一种投资，它不是建筑空地，它是构筑起来的公共领域，也是城市复兴的文脉肌理和结构，景观的回报是巨大的。展望未来，我们要做的是挑战形而上学的僵化模式并寻求迷失的设计精神，这是我们必须找回并明晰的东西。重新定义设计方法，开创新理念来避免习惯性地区别对待现实和概念、理论和实践、形式和功能、批判和设计、语言思维和设计思维、真实和外表等。真正有意义的不在于区分建筑学、景观管理、城市设计和艺术设计，而在于跨越各个学科的界限。"

　　城市景观的功能就像有血有肉、有骨骼的人体或其他动物体一样，没有很好的脊椎就无法支撑起整个身体的供给。城市景观系统属于环境系统中的城市聚集区的范围，用人类生态学的部分成果来描述这个系统能更好地认识人类系统与环境系统的关系。1921 年，芝加哥社会科学院的社会学家们最早提出了人类生态学这个概念。"生态"一词来源于古希腊语 "oikos" 和 "logos"，即 "science of the habitat"，意思是关于栖息地的科学。人类生态学通常指的是人口与物理环境、生物、文化、环境社会特点和生物圈之间的关系（Lawrence，2001）。人类生态学是空间和相关于环境力的选择、分布和适应性的时空组织关系研究，这就促进了大量的关于空间尤其是城市区域的研究。哈佛大学肯尼迪学院教授威廉·C. 克拉克（William C. Clark）曾在奥地利的国际应用系统分析研究所主持 "生物圈长期持续发展" 的项目，1989 年，他在《国际社会科学杂志》（*International Social Science Journal*）43 卷 3 期发表的《全球变化中的人类生态学》中曾论述生态系统是人类生态系统的框架。人类作为自然界的一个成员和其他生命形式共同组成生 物圈，再加上物理环境而组成一个不可分割的整体[3]。

　　如图 2.1 所示，环境系统和人类系统分别随着自身内部的改变发生着改变。对源于外界的干扰，环境系统和人类系统很难对其进行有效控制，所以也会不断发生变化。但是人类生态系统与自然生态系统又有所不同。其主要区分在于人类占据了广阔的生境，以其技术力量和组织能力影响和改造其他生物和共同的自然环境。图 2.1 中右侧反映了人的选择行为在人类系统与环境系统的相互作用中所发挥的核心作用。对于该示意图的改绘主要基于两方面：一方面是 1988 年由学者唐和雅各布森在中美全球化人类维度研讨会中所谈到的人居选择和环境感知模型，另一方面是1985 年由霍恩姆泽等人所发表的学术成果之灾害管理的因果结构理论。而且，克拉克说人类系统与环境系统的相互作用是不对称的，原因是人类系统相对于外界环境变化的反应涵盖了两个形式，即反应式和前摄式。环境系统相对人类活动的变化只有反应式。并且，人的行为不单单对已成事实的环境改变有影响，而且能根据人们对未来的期望或不期望发生的改变引起变化。

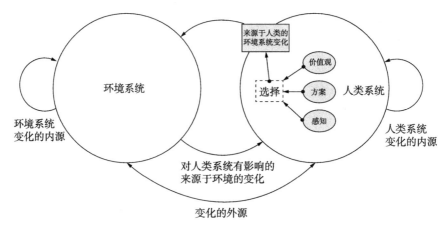

图2.1　人类生态学中环境系统与人类系统的关系基本模型

图片来源：结合威廉·C.克拉克的生态学分析理论，作者自绘。

图2.1 描述了人类系统在对外界环境影响作出抉择的同时，价值观、方案和感知是主要的作用要素。其中，价值观是一种人本身处在人类系统和环境系统彼此作用产生的理想情况下的个人理解。假设价值观体现人类的需求，那么可供选择的方案则代表或呈现出了一种人们所要求变成现实的主观理想。感知是人类对外界系统的主观理解，始终处于变化之中，人们对城市的感知具有更深层的意蕴。

通常的城市景观系统主要包括自然生态景观系统、水与绿色开放空间景观系统、历史人文景观系统、景观空间结构系统、视觉及环境认知景观系统、产业景观系统、重要交通路径景观系统和都市活动景观系统等方面。本书所研究和面向的主要是基于视觉及听觉环境认知的景观系统。

2.1.2　人的知觉系统

德国的哲学家、生理学家冯特（1823～1920 年）把心理元素分解为纯粹的感觉和简单的情感，而其学生铁钦纳则把意识经验分析为三种要素，即感觉、意象和感情。感觉是知觉的基本元素，意象是观念的元素，感情是情绪的元素。铁钦纳把心理过程分析为感觉、意象、感情，并认为感觉、意象有四种属性，即性质、强度、持续性和清晰性。感情有前三种属性而缺乏清晰性，元素在时间和空间上混合形成知觉、观念、感觉、感情、情绪等心理过程。

相对于景观而言，人的知觉系统研究是一个关于环境经验的课题。经验带给我们的很多都是我们所听、所见、所闻和所触摸的真实体验。例如，事物的气味、肌理和质感等都是在可理解感官范围内的经验。因为视觉能够使我们对世界上存在的物质形成各种感受（如光感、形态、色泽和肌理等），同时相伴的还有运动、距离和空间感等感受。人们对声音的感受主要有音色、音调、旋律等声音要素。哲学上也习惯于将听觉和视觉确认为审美感觉，至于其他感觉，传统的哲学则很少涉及。因为视听是信息获取的主要来源（约 90% 的信息来自视觉和听觉感官），这就决定了从有人类历史以来（或在文明的进程中），人们对视听感官的依赖主导着对外界的主要体验感受。人们对感觉的审美体验也是多数基于视听感官。基本的视听感官品质是人的知觉系统的主要组成部分。人们对物质进行感知、理解和再加工是一种感官审美活动。例如，就城市景观中的水景而言，水景本身的形态、颜色和光感把人们的视觉感官充分调动和活化起来，水景的喷涌、飘溅和缓急把水景中声音的音律、节奏和音色表现出来。到了亲水环境中，人们亲近水的行为（如触摸和饮用）也能激发起人们其他形式的感官体验，如触觉和味觉等形式。这些眼（视觉）、耳（听觉）、鼻（嗅觉）、舌（味觉）和皮肤（触觉）等感官把对水景的表象或实体感受综合起来作用于人的神经系统，并传导至大脑获取信息，最终给人们带来的是一个完整的关于特定地区水景的综合感官体验。当然，也有人在这五官感觉中对某种或某几种感官特别专注或有深刻体会，形成的印象自然与其他人有所不同。简单地说，触觉感受所包括的主要是质地、压力和温度等感觉的体会。例如，我们通过按压水面并触达水底形成了对水景深浅的触觉体验。如果加入运动的要素，人们对事物的理解就要加入阻力感或快速感等速度体验。例如，对同一处水面或水体景观，人们处于划船感觉时的体会和当自己处于静止不动时远观水景的感觉是截然不同的。总之，事物的复杂性和人的感官的复杂性综合在一起造就了人们的感知体验生活。人的感知系统是一种复杂多元的综合体。

每个人都是生存在文化中或整体社会中的一部分，其自身不可避免地要表现出对本地区文化语境的理解，在自身的认知体验上也会有自己的文化传统烙印其中。这时的感知活动就不再是一种纯粹物理的感知了，还包括民族或社会的文化性。例如，最初西方文化并不是视觉的，而是听觉的。这就有一种文化审美的含义在其中了。例如，希腊社会最早是在听觉的主导作用下的，到了柏拉图时代，已经完全盛行视觉模式。视觉是一种空间的物理显现，听觉则是一种时间的物理显现。当人们开始对四周感知产生理解的时候，自然有一种空间上的体量、形态或光感的视觉体会。如果用耳朵聆听这个场所，则会有一种时间的飞逝感，比如听觉会自然地给人带来一种飞掠或消逝的感受，或是时间上的偶然体验感。黑格尔用一种思变辨性的阐释分辨了声调的现象特征。对他来说，听觉是较之视觉更加聪慧的感觉。这是因为听觉包含了对外在性的一种双重否定，因而开始转向内在性，转向主体性。因为首先为了发出声音，对象必须自身震动（第一个否定）；其次声音即出，声调就消失，作为外在的事物不复存在（第二个否定）。就像思想，只能通过主体性的媒介在内心流连。故而在听觉领域发生了从物质到理智的转向[4]。

总之，人类的经验体会是一种知觉系统。如果从审美的立场而言，是一种感觉的综合性与丰富性的集合。我们对事物的多元性、直接性和即刻性的理解是源于这些知觉系统对信息的收集，我们越对环境有多样的审美考虑，外界环境就越是显得复杂和多元。

2.2 城市景观感知体验的主体

任何一个设计行为，无论是关于城市还是关于建筑，都是对人类现时代意识形态的深层体现。关于城市景观也是如此，对主体理念的阐释反映在东西方独特的文化差异上，即东西方哲学思想的溯源和思维方式的异同、感知主体的追求等方面的差异，决定了城市景观形态的最终差异。

2.2.1 人的感知

目前，城市景观中所表现出的景观空间与社会共同进化的一致性已经不仅是外在的景与观的表达，在所属区域反映出的社会文化效应也是场地设计的本质特征表现。现代城市的感知体验研究基本点之一，就是由"物"转向"人"，或者更确切地说，由对象性研究转向非对象性交流。这种转变反映出人的主体感知的重要性。

以下着重论述人的基本感知中的视觉感知和听觉感知，并简述对人心理层面产生影响的统觉感知。

2.2.1.1　视觉感知

视觉感知指视觉感官眼睛（特指眼球）在对光线进行接收以后，通过集合光线，在晶状体上产生影像，影像传到脑部并经过分析后对行为有所影响。如图 2.2 所示，眼角膜首先接收光线，然后经过瞳孔，再经过晶状体产生影像。这就是我们平常对任何物体的视觉感知生理上的基本途径。我们可以辨别物体的外貌、色彩、形态、空间感和动态感等要素，对物质的视觉特征进行感知后，再传到大脑，大脑产生反应并决定是否继续观看或看哪里。虽然这是短暂的一瞬间，但我们对事物的感受却如此复杂。

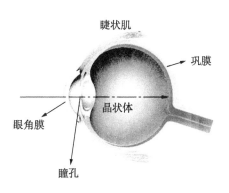

图 2.2　眼睛的光学结构

我们能够感知到物体的深度，主要是因为物体是立体的。同时，我们还能感知到物体的形状和色彩，再加上立体的感知，对外界环境的理解就基本形成了。这就是我们探查外界事物的依据，也就是视觉感知的源头。

2.2.1.2　听觉感知

外界声波通过介质传到外耳道，再传到鼓膜。鼓膜振动，通过听小骨传到内耳，刺激耳蜗内的纤毛细胞而产生神经冲动。神经冲动沿着听神经传到大脑皮层的听觉中枢，形成听觉。

如图 2.3 所示，声源→耳廓（收集声波）→外耳道（使声波通过）→鼓膜（将声波转换成振动）→耳蜗（将振动转换成神经冲动）→听神经（传递冲动）→大脑听觉中枢（形成听觉）。

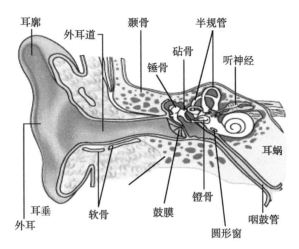

图 2.3　耳朵的生理结构

2.2.1.3　五感知觉与统觉

五感知觉是指一般人的感官知觉，它主要涵盖了视觉（眼睛）、听觉（耳朵）、嗅觉（鼻子）、味觉（舌头）和触觉（皮肤）。一般认为，味觉和嗅觉器官是化学感官，视觉和听觉器官是物理感官，两者作用机制有所不同。但是，这种差异并不构成感觉引发机制上的本质区别。嗅觉器官外周感受器要向嗅觉中枢发出产生气味感觉的生物电位，就要靠外周感受器的味蕾受到的化学刺激。视觉器官的外周感受器要向视觉中枢发出色觉的生物电位，也要靠外周感受器中的视网膜色素的化学变化来刺激，只不过这种色素的化学变化是在光线的作用下引起的。

尽管目前的科学研究尚未完全了解五官感觉的生理机制，但不少实验已经表明五官的生理机制是密切相关的，例如，德国科学家关于嗅觉功能区神经元活动、视觉功能区神经元活动和人脑海马区神经元活动之间的相关研究。此外，生理学家发现嗅觉与味觉是密切相关的，俗语说"闻香知味"。嗅觉比味觉要灵敏 1 万倍左右，一旦嗅觉失灵（如果感冒），舌头品味的能力就会降低很多。如果单靠味觉，吃苹果犹如吃马铃薯，即使吃巧克力冰激凌也尝不出味道。

人们常说的"第六感"从反面定义了这五个感官类型的自身属性。超感官知觉（简称 ESP，即第六感）被认为是存在于自然界中的一种能力。这种能力是通过自然感官之外的渠道去接收信息，还能预知事情的发展，这与人物自身的经验积累或经验性判断无关。一般情况下，超感官是指目前科学界还不是很熟悉的领域。"统觉"（apperception）与"第六感"相似，是赫尔巴特教育思想中的一个最基本的心理学理论。莱布尼茨的统觉理论认为，统觉依赖于心灵中本身存在的影响。人们会将自己思考、理解和记忆的零散想法相互合并组成更为高级的思维活动。康德继承了莱布尼茨的统觉理念，他认为统觉是由外界的经验赋予的，不是基于灵魂之上的，而是理智的活动。赫尔巴特的统觉理论认为，每当一种新的刺激产生作用时，事件的表象就会经过感官达到意识阈上，当两个部分结合时就进一步确立了它的位置。那种统觉必须在条件许可的情况下才能发生。统觉发生的前提条件的重点是兴趣。兴趣是指理念的积极活动状态，是一种智力活动或者好奇心活动的警觉性体现。因此，兴趣给统觉活动带来了主动性。在心智中的观念对事物本身引起兴趣的情况下，意识阈中理念就是高度活跃的状态，因此也会容易唤起最初的观念，然后得到一种新的观念。可以说，统觉活动是人在一种对事物本身兴趣的基础上的、更加主动和积极的智力活动，它综合了各种刺激，形成一种的高度活跃的意识状态。

2.2.2　人的需要

亚伯拉罕·马斯洛是第三代心理学的先驱，他提出了整合精神分析心理学。马斯洛认为，人的需要首先要满足最低级别的，其次，是沿生物谱系上升到更为高水平层级的需要。人的需要主要是从外部获得的。但是，最迫切满足的需要是人行动的主要原因。在所获得的外部需要达到一定层级时，开始逐渐向内在需要转换。马斯洛没有审美的专著，它的审美观念是心理理论的整合。

人最迫切的需要是主要推动人们行动的力量和源泉。人自身主要潜伏着五个不同级别的需要，在相互有差异的时间阶段里，表现出的各种需求的紧迫性程度是不同的。人的价值系统中有两种不同类型的需求，一方面，沿生物谱系上升逐渐变弱的本能或冲动，称为生理需求和低层次的需求；另一方面，沿生物谱系上升逐渐变强的潜在的需要，是生物进化的高级需求的逐渐显现。

以下将从人的生理需要、安全需要、归属需要、尊重需要和自我实现需要五个层面分别论述人的生理和心理需要。

2.2.2.1 生理需要

生理需要是最原始、最本能的需要。例如饮食、服装和医疗保健等。如果这些基本需要不能满足，生命则会受到威胁。也就是说，它是不可避免的基本需要，也是促使人产生强大驱动力的最基本需要。

2.2.2.2 安全需要

安全需要是生理需要层次之上一个级别的需要。安全需要主要是指工作、生活、社会活动等安全性保障的需要。这个层级的需要满足是以生理需要满足为前提的。几乎每一个人都会产生安全、自由和防御的本能需要。这也是人的基本需要，是促使人行动的驱动力之一，这一类需要如果不能获得满足，其他需要将无从谈起。

2.2.2.3 归属需要

归属需要是安全需要层次之上一个级别的需要。归属需要主要是指社交的需要，表现在一个人对于获得家庭的支持、获得社团朋友们的关爱和获得同事的帮助等方面。简单说，就是友情的亲切、爱情的温暖、家人的信任等归属感需要。社交的需要是很难度量的，因为人的个体差异都不同，每个人都有不同的个人经历和个体性格差异，以及生活区域的文化和风俗习惯差异等，这些差异带来了不同人社交需要的满足程度上的差异，不能一概而论。

2.2.2.4 尊重需要

尊重需要是归属需要层次之上一个级别的需要，反映了人不断进化和发展的文明进程。尊重需要很难得到满足，如果得到满足就会对个人产生很大的助力。尊重主要表现在自尊、他尊和权力欲三方面。

2.2.2.5 自我实现需要

自我实现需要是建立在前述四个需要基础之上，是最高等级的需要。图2.4表达了这几个需要的具体逻辑联系和发展关系。首先，在生理需要中先要满足生存、健康、发展和舒适等理性活动的需要。其次，安全需要促使了人生理保护需要的形成发展，这些生理保护来自自然、建成环境、机器或人类。再次，归属需要促使了归属感的形成。归属主要包括血缘关系和邻里关系等，在此基础上才有被尊重的需要产生。因为要有联系的归属机构或团体才能形成被尊重的环境，被尊重需要体现在自我价值和荣誉拥有上。最后，在此基础上会有自我实现的要求。很关键的是马斯洛提出类本能的概念，基本含义是人既有与先天相似的一面，又有与先天不同的一面。人的需要始终是在不断变化和发展的，基本需要的层级越高，与先天的联系越弱，与后天的发展越相关。

综上，自我实现需要是马斯洛提出需求金字塔的最高一个等级的需要。如果要满足这一等级的需要，需要一份与之相匹配的工作，最大限度地发挥自己的内在潜能，最大限度地成为自己所期望和成为的人（或人物）。犹太哲学家马丁·布伯说：我们需要建立自我，从自身开始。如果我们不用积极的爱去进入生存状态，如果我们不用自己的方式来挖掘生存的意义，那么对我们来说，生存将始终是毫无意义的。关于自我实现，它需要在一种高度控制生活的前提下进行，自我实现的同时也会有审美需要的实现，比如感性的模式体验、理性的审美和象征的意义等心理上的活动发生。图 2.4 很好地说明了前述几项需求与自我实现需要的层级关系。马斯洛的人本心理学核心理论说明了人要通过"自我实现"，满足各个层级的需要，达到所谓"高峰体验"，找回人的所谓"价值"，实现自己的完满人格。马斯洛需要层级的彼此递进的关系使得人们脱离物质需要逐渐推进到超越物质需要之外的精神需要，比如审美需要、认知需要里的体验和探索等方面。总之，自我实现是超越性的需要，是追求真的、善的和美的，这些将最终导致完美人格的形成和产生[5]。我们每个人的生活都不可避免地反映了马斯洛这五个需要层级。

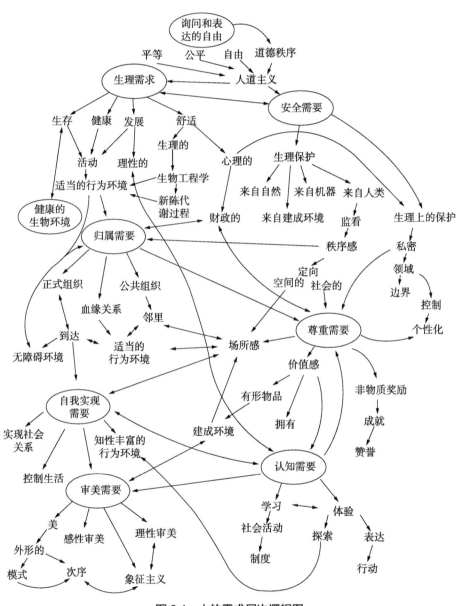

图2.4 人的需求层次逻辑图

2.2.3　人的思维

西方人思维逻辑和东方人思维逻辑之间的差异产生了景观表象的巨大反差，这一切都源于人们经过几百年甚至上千年积淀的生活习性和价值判断的不同。

2.2.3.1　西方思维

西方的众多学科中，数学和几何学的发展使得人们能够从基本几何形中发现和谐的比例关系和黄金比例。这使得人们相信趋于稳定的几何形是无缺陷的，几何形也是与柏拉图所提出的绝对真理的理式最无限趋近的。从柏拉图的思想中我们能够看到"自然"指的是世界的本质，绝对不是世界的表象。柏拉图始终强调在认识自然的过程中理性的主导作用。他认为数学与几何学所提倡的稳定、系统和严格的规范是适用于一切知识领域的理想方法。例如，在此观念下生成的艺术领域对数的对称性或和谐美感的崇尚。

在西方世界，以 26 个字母作为语言的基本组成单位，根据不同的排列组合、字母数目的多少来进行文字的识别与应用，语言与意识形态之间存在着紧密的联系，这种联系非常清楚地体现在克赖斯（Kress）和霍奇（Hodge）于 1979 年出版的一本书的题目上——《作为意识形态的语言》（*Language as Ideology*）。沃洛西诺夫（Volosinov）在《马克思主义和语言哲学》（*Marxism and the Philosophy of Language*，1973）一书中也持有类似观点，书中指出，意识形态贯穿整个符号学领域或全部表义系统；意识形态领域与符号领域相重合。

在景观设计中所反映的符号是与人们思维意识形态相关的。欧洲水景的设计来源于公元前 5 世纪的古希腊，很多现代水景的特色都来自欧洲，水景设计在古罗马时代经历了一次高峰。如图 2.5 所示，法国凡尔赛宫的水景系统是一个时期的代表，能够作为典型案例来说明欧洲水景的一般特点。欧洲的水景多以人工水景为主，其特点包括：①主要的水景是喷泉（尽管造价高昂，还是在文艺复兴和巴洛克时期继承了这种传统，在文艺复兴时期，喷泉的技术得到了很大的发展）；②水景结合雕塑（法国的凡尔赛大花园中太阳神的雕塑喷泉是西方城市景观史上著名的一景）；③几何形制（古典花园用几何形式来塑造植物或地形）；④水景位于交通节点（交通节点的水景传统

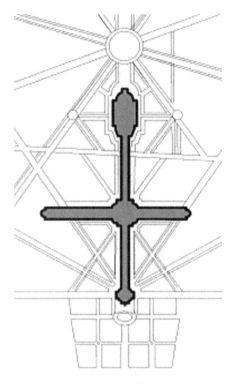

图2.5 欧洲水景：凡尔赛宫水系

被现代广场广泛应用）。

历史上的欧洲一直存在着两种不同的对待自然的态度，或者叫作不同的自然观，这两种不同的自然观都可以追溯到古希腊文明。第一种对自然的认识，希腊语中叫作 Phusis，是自然本性的意思，也可以理解为自然的权利，"自然"在这里是非度量化的、模糊的，人与自然是一体的。第二种对自然的认识，以笛卡儿提出的两分法为代表，这一认识使现代科学的产生成为可能。随着这两种不同的自然观，欧洲园林在历史上就有了两种不同的风格特征——人工化与自然化，人工化是以法国为代表，自然化是以英国为代表。

以上的景观形态所反映的价值观思维模式的差异是主体对客体的反映。类似于"有什么样的思想就会有什么样的行为和结果"。

2.2.3.2 东方思维

以中国为代表的东方国家，自古信奉"天人合一"顺应自然的哲学观，把自然作为人生思考的哲学命题。在理论层面上对这一哲学命题加以阐释的是从道家学派的老子和庄子两位先哲开始的。哲学家在老子时代已经注意到了人与外部世界的关系。老子从山岳河川的现实中，领悟出了"人法地，地法天，天法道，道法自然"这一万物本源的道理，认为"自然"是无所不在、永恒不灭的，提倡自然为本、天人合一的哲学观。老庄哲学奠定了我国人民特有的自然山水观、价值观和对美的追求目标。道家思想对中国文化产生了深远的影响，其思想根源是讲万物形成的根本和变化的原则。虽然它不能看见外形和表象，但是包含了对事物的知觉感知式的直觉活动。这种思想不仅对现当代艺术发展有益，也对数学和物理学思想中的混沌理论、非线性理论的形成和发展都有所启发。

　　以下将简单利用水景的特征来论述客体的差异性，研究关于独特的水景客体反映主体文化思想的脉络。中国古典园林的水景形式是以自然山水、河流、湖泊和瀑布为主，并且中国传统水景以把握开合空间和自然形态的轮廓线见长。中国古典园林水景的设计特点是模拟自然，古典园林的特点是高度凝练的自然微缩与模拟。如图 2.6（a）所示，拙政园中丰富的水形变化模拟了一个巨大广阔的湖泊和蜿蜒的溪流，把自然转换到风景设计之中。这种模拟自然的方法是古典园林设计中最常见的方法，也被运用在大的湖泊水系里。如图 2.6（b）所示，皇家园林颐和园中面积达 1000 m² 的自然湖泊，具有极强的提炼自然的手法。

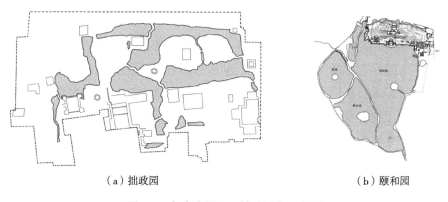

（a）拙政园　　　　　　　　　　　　　　　　（b）颐和园

图 2.6　东方水景——拙政园和颐和园

2.3　城市景观感知体验的客体

2.3.1　客体定义

　　从严格意义上说，"景观"是一个外来词汇。根据《牛津园艺指南》（*The Oxford Companion to Garden*，1986），景观建筑是将天然和人工元素设计并统一的艺术和科学。运用天然的和人工的材料——泥土、水、植物、组合材料——景观建筑师创造各种用途和条件的空间。

从风景园林创作的角度来看，景观是一种艺术品（具有创意的环境作品）。

从自然界生物的角度来看，景观是生物的栖息地。

从规划的角度来看，景观是一个系统，它由很多系统组成（如水系统、绿系统、天际线系统和交通系统等）。

从社会福祉的视角来看，景观是一个大众共同拥有的财产集合。

总之，广义上的景观主要是指地景。地景是地表所有特征的总和，所以它包括自然特征、土地使用、建筑物、基础设施和聚落形式等要素。本章第2.1.1节已经论述了城市景观系统主要包括自然生态景观系统、水与绿色开放空间景观系统、历史人文景观系统、景观空间结构系统、视觉及环境认知景观系统、产业景观系统、重要交通路径景观系统和都市活动景观系统等方面。本书所研究和面向的主要是基于视觉及听觉环境认知的景观系统。这里是指和人的五官感知（主要是视听）紧密联系在一起的景观客体。因为景观是活的，是人与自然持续互动的结果，在互动的过程中产生了文化、建筑的形式、空间的聚集形式等。所以，景观是一个多元的整体，除了具有环境生态和公平参与的社会的价值之外，还有视听感知体验美学上的舒适性和愉悦性等价值。

2.3.2 客体本质

沃尔认为，当代景观是由"流动的网络、无等级的模糊空间、根系状的扩展传播、精心设计的活动表面、相互连接的网络、作为基质和催化剂的大地、不可预见的活动和其他多种情况构成的"。城市景观带给人的是一种动态的心理感受，是令人难以捉摸的领域，对其开展调查往往具有一定的难度，因为人们感知城市的方式主要有散步、短时间驻足、更长时间逗留、购物、交谈和聚会、锻炼、娱乐休闲、街头贸易、儿童玩耍等。城市生活的共同特征就是活动的多样性和复杂性，并且在有目的步行、购物、休息、逗留和交流之间存在着许多重叠且频繁的转换。不可预测和不可计划的、自发性的行为是城市空间中的往来和逗留活动具有如此特殊吸引力的重要部分。我们在观察别人的行为的同时，也会被吸引驻足更仔细地看，或者逗留、参与。必要的活动产生的前提条件是良好的环境品质。良好的环境品质包括城市空间的自然和人文品质，通过规划设计保护性安全空间、合理的空间和空间家具的视觉品质的手法来影响户外活动的程度和特点。因此，城市景观本质上是城市的载体，正如景观都市主义的创造者查尔斯·瓦尔德海姆（Charles Waldheim）所说，景观要替代建筑成为目前城市的基本要素，因为景观不仅是城市的透镜，还是城市的载体。它为城市演化提供了一个高度结构化且具有层叠性，无等级、弹性和不确定性的模式[6]。

詹姆斯·康纳（James Corner）指出了生存在我们这个星球上的所有物质都是彼此相互联系并且共生地存在于这个世界的生态系统中的，每个要素每时每刻都在发生着改变，且充满着不确定性，各个要素之间的相互联系也不仅仅是用简单的线型或固定层级模式就能够诠释清楚的。各个要素的活动作用能起到积累层叠的力的作用，达到变化环境形态的目的。城市就是其中的一个要素，它不会定格，也不会僵化在一个时期，它一直存在于动态的过程中，其中所有的空间形态都是暂时的。原本我们以为的混乱或理不清头绪的状况正处于一个或若干个空间形体中或空间秩序中[7]。

艾伦·斯坦（Allen Stan）说："景观不仅仅成为目前城市化的模式，而且还是一种较为完善的表达城市化过程的模式[8]。"景观都市主义把大地上所有存在的物体的存在状态和视觉集成看成是绵延的景观。它不单提到覆盖其上的植物或水体等景观形式，而是一种绵延的加厚地面的概念[7]。这是一种连续的地表结构，加厚的地面能够对其上动态发生的事件和发生过程进行组织和排列，而且能够在很大程度上为事件和过程提供各种交互与融合的发生条件。

城市不再是一个场所或是一个系统，而是所有过程和系统的一部分，正在任何时间段内覆盖和编织着世界的某处地域。类似的，对于哲学家和历史学家曼纽尔·德兰达（Manuel de Landa）来说，城市是各种不断变化着的系统的凝结物，是一种更大的时间过程的减速或加速的产物。城市景观是自然系统、文化和技术的联合物质，且外面是城市所具有的外在形态、文化制度、物质组成和意识形态的外表皮[9]。罗伯特·史密森（Robert Smithson）如果接受德兰达将文化历史定位于自然历史之中是一种基于生态敏感性的历史编纂的看法的话，现在更适合把城市中心描述为纵横地表的各种相对集中的区域。这里所说的地表具有一定的厚度，可以被理解成承载着各种联系、关系及潜力的复杂地域。景观本质上存在一种内在的时间范畴，如图 2.7 所示，其内部是一个非对称的结构，更大的空间是面对过去的回忆，更窄的空间是面向将来的预期。景观的记忆存在于我们的文化和所积累的现实世界中，就像表层土壤的形成是生物与物理相互作用的过程，深层土壤是更长久的记忆，沉积的岩石就具有更久远的历史。图 2.8 所示为布拉格景观的地层结构图，表层土壤的形成是生物与物理相互作用的过程，深层土壤是更长久的记忆，沉积的岩石就具有更久远的历史。早在城市形成之前就存在的古生物化石是城市最早的生态群落的反映，构成了城市几千年前的记忆片段。在

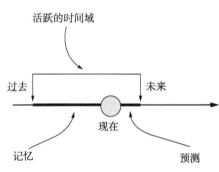

图 2.7　景观的本质要反映过去和未来的视窗[10]

布拉格，可以说随处都有历史记忆所积累的事件，事件与材料的积累形成了景观，景观是一种物理与文化领域内记忆的积累，但是，经常是一些记忆被隐藏，这就需要一种文化机制去发现和解释这种被积累的信息。由于事件与材料的积累形成了景观，景观是一种物理与文化领域内记忆的积累，有意识地保护这种时空的改变又形成了对城市景观记忆的文化积累。

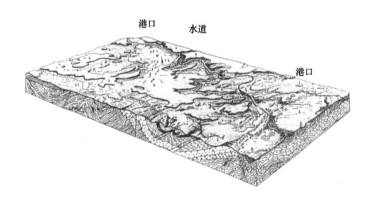

图 2.8　布拉格景观的地层结构[11]

景观是一种载体，其间充满了各种复杂的城市活动。也就是说，它不但

是自然过程的载体，还是一种人文过程的载体，即景观提供了自然过程和人文过程彼此融合和交互的平台。这一观点得到了理查德·韦勒（Richard Weller）的认同。他说，在景观这个载体之上，全部的生态关联都要经过景观，景观是基础设施的未来[12]。既然景观承载着人文过程，那么，其中发生的任何事件都有利于塑造一个有活力的城市。而有活力的城市几乎都来自有吸引力的活动，提供那些有更多交流的可能是很重要的。因为被动式的看与听的接触为其他方式的接触提供了背景，通过观察、听和体验其他活动，我们汇集了关于我们周围的人与社会的信息，这是一切活动的开始，没有综合感知信息的提取，人们的后续行为不能有效而充分地调动过来。如果处于一个稳定的环境下，我们可以从城市环境的质和量上来改善城市生活。例如，从量上，我们能够通过让更多的人进入空间来实现对城市生活的影响。从质上，我们能够通过让人们更长时间的停留来实现。但是，最为简单和有效的方式是提高环境的品质，使人们愿意来到场所中度过自己的美好时光，使环境中的人每一天都受益于城市品质的改善。所以，城市发展不是建筑的放大或道路的延伸，而是一种生态和文化的载体，是确实发生在城市居民生活中的点滴聚合而成的，因此，我们必须重视从单一的理解向多元的理解转化，由自上而下的规划转向从下而上的反规划理念，城市的组成是一个自然天成的有机体，景观化的城市概念逐渐形成了复合型的城市形态。总之，景观都市主义的相关概念体现了一种跨学科发展的思考和合作关系[13]。

用阿尔多·罗西从法国城市地理学研究中借用的"城市的灵魂"这样的概念来形容很合适，即如果这个灵魂一旦被赋予了某种形式，便能够成为场所的标记，记忆则会成为场所理解的向导。城市的建设是为了确保长期的资源产出，提供生活资料并保证社会的再生产。这一过程不仅包括动物所具有的直觉和感知，而且包括信仰、原则、观念、价值，这是人所具有的独一无二的特点。在西方哲学史上，古希腊哲学家巴门尼德第一次提出"存在"的概念，类似于本体的概念。从传统哲学的角度去看，其基本含义即"终极存在"，该词有"本源"和"本真"等方面的含义。还原物体的本真，即环境应该给予人视觉、听觉和触觉的清晰与自然。在城市的脉络中，人们能找到"源"的价值是城市景观设计成功的重要体现。

2.4 本章小结

本章主要涵盖三个方面的内容：

（1）从城市景观感知体验的系统构成角度论述了人类系统与环境系统不对称的相互作用。感知作为人们对世界的理解，始终处于变化之中。因为人类对环境的感知和产生的价值观会作用于环境系统并反馈给人类系统发展自身，循环不止地影响整个系统结构的运转。

（2）从感知主体的角度，即人的感知、需要和思维方面论述和统观整个感知主体的生理和心理感知的需求层级。除视听感知之外，也涉及"第六感"和统觉等概念的延伸。其中，在东西方思维属性上，着重分析了东西方景观表象背后的诸多文化基因，即通过景观实体形态不同所反映的传统价值观念、思维方式、行为方式、哲学意识和文化心态等因素的相互作用。

（3）从感知客体的角度，基于不同视角简述了城市景观感知客体的定义和本质。本书所研究和面向的主要是基于视听环境认知的城市景观，是城市景观系统中的子系统之一。景观本质上存在一种内在的时间范畴，其内部是一个非对称的结构，更大的空间是面对过去的回忆，更窄的空间是面向将来的预期。由于事件与材料的信息积累形成了景观，景观就是一种物理与文化领域内记忆的积累，这就需要一种文化机制去发现和解释被积累的信息（包括城市景观的视听信息），有意识地保护这种时空的改变才能够表现出城市景观的客体本质。

第 **3** 章

当代欧洲城市的视景感知体验研究

本章以当代欧洲城市视景的感知体验研究为主要内容，主要采取实地调研、空间模拟软件分析和眼动仪测试实验的研究方法，分别从以下三个方面分析论述：首先，结合威尼斯实地调研的体验，在马斯洛的需要层次理论和维尔伯的意识谱理论的基础上，尝试探讨城市视觉景观感知的层级理念逻辑，提出视景感知体验的"金字塔"理念构成。其次，调研并通过软件模拟分析了中欧（捷克和德国）、西欧（英国和法国）和南欧（意大利和西班牙）范围内六个欧洲国家主要城市中心区的视觉空间差异和轴线差异。最后，利用眼动仪测试实验和布拉格实地调研资料进行城市视景特色的案例研究。

3.1　城市视景感知研究方法的应用

3.1.1　图底分析法在传统空间视觉认知中的应用

图底分析法是现代城市空间研究的基本方法之一，对于研究错综复杂的城市空间结构具有很强的可操作性和实用性。美国学者罗杰·特兰西克在《找寻失落的空间——都市设计理论》一书中运用该方法分析了华盛顿、波士顿、歌德堡的城市空间。

图底分析法是一种将建筑物作为实体，覆盖到开敞的城市空间进行城市结构分析的方法。其关注的是城市空间实体，考察建筑肌理的围合与尺度关系，也可以说是阈值或临界值，在 PS 中的阈值，实际上是基于图片亮度的一个黑白分界值，默认值是 50% 中性灰，即亮度为 128，亮度高于 128（＜50%的灰）的即亮度为会变白，亮度低于 128（＞50% 的灰）的即亮度为会变黑。如图 3.1 所示，美国巴尔摩的港区及城市中心区 1958 年与 1992 年图底关系比较，反映了改造后的美国巴尔摩的港区肌理的对比效果。这种方法一般常用在城市空间的分析和形式认知的设计案例中，视觉认知的复杂性主要体现在它依赖于距离、色彩、形状、质地和对比度等。该方法的具体运用详见本章 3.3 和 3.4 节。

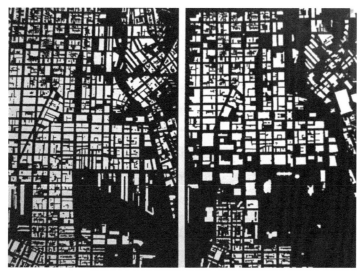

图 3.1　美国巴尔摩的港区及城市中心区 1958 年与 1992 年图底关系比较[14]

3.1.2　空间句法系列软件在视景感知差异评测中的应用

空间句法系列软件主要运用在视景感知差异评测部分（见本章 3.3 节）。1984 年，空间句法理论的创始人比尔·希利尔（Bill Hillier）和朱利安妮·汉森（Julienne Hanson）在《空间的社会逻辑》一书中提到了空间句法理论。他们的理念是城市空间和建筑布局会直接影响人类活动和社会交往的方式和强度[15]。紧随其后的是佩波尼斯（Peponis）与其合伙人创造出的一种空间分割法，这是一种用特征点代替轴线的方法[16]。江斌是第一个将 GIS 集成到空间句法理论中的学者[17]。

闻名于世的七桥问题促使了复杂网络理论的诞生，随机图论的一系列成果是复杂网络进一步发展的基础研究工作。随之，米尔格朗（Milgram）做了闻名于世的小世界实验，独创性地指出了小世界现象[18]。由瓦茨和斯特罗加茨（Watts and Strogatz）撰写的《小世界网络的动态集成》以及巴拉巴西和艾伯特（Barabási and Albert）撰写的《随机网络中标度的涌现》，开创了复杂网络研究的历程[19]，二者阐释了复杂网络的小世界特征和无标度性质，还创立模型用来解释特征的形成原理和机制。这样就促使了很多研究人员在各个角度上建立网络拓扑模型并开展了一系列相关的应用性研究。

　　空间句法中的空间是一种拓扑关系的描述，它不是通常欧氏几何中谈到的具体的数学测量对象。它所关注的也不是空间目标之间的实际物理距离，而是空间目标之间的诸多关系值，例如通达性和关联性等。通常，空间的表达方法有两种，现简述如下。

　　第一种是轴线地图和特征点图的表达，希利尔和汉森提出空间句法理论时就是使用的轴线地图法来表示其所用空间，这也是最早的空间表达法。其创立原理主要是从人的视觉空间感知出发，即一条轴线就表示一个长空间，人们可以在这个空间中的任意一个位置通过视觉感知体验到它。那么，这条轴线就表示一个平面的城市空间中存在着的最长可见直线。希利尔和汉森指出，由最少数目的最长直线组成了最初定义的轴线地图。特征点图是在轴线地图的基础上提出的，由于轴线地图的定义模糊，将其运用在环形道路上就不太适合。此外，它与 GIS 之间也存在兼容性差的问题。于是，一种在特征点的基础上表示的方法于 2000 年由江斌提出，即特征点表示法。空间中那些具有重要价值或意义的点称为特征点，例如街道的十字交叉点、丁字交叉点和一般意义的拐点等。在判断每个点的可视性时，需要提取空间中所包含的所有特征点来表达空间结构与城市的形态关系[20]。

　　第二种是连接图的表达。空间之间的相互联系抽象为连接图。从轴线地图向连接图转化是空间句法的关键一步，也是接下来要开展空间形态分析的前提。具体的转化过程是先将全部的轴线交点识别并提取出来作为连接图中的节点，然后形成连接图（判断每一个点是否与其他点的可视关系就成为两点间能否有连接线的依据）。具体的空间之间的相互关系抽象为连接图后，按照图论的原理再对其进行空间可达性的拓扑分析会导出空间句法的分析变量[21]。

　　（1）连接值 C_i。C_i 表示了系统中与第 i 个空间相交的空间数，它是一个局部变量。从视觉认知角度而言，C_i 表示当一个人站在空间中眼睛能看到的临近空间的个数。因此，C_i 与临近空间（或区域）的个数有相关性，即

$$C_i = k \tag{3.1}$$

　　（2）控制值 $ctrl_i$。$ctrl_i$ 是连接值的倒数。控制值的意义表示了一个空间对和它自身相连接的空间的控制程度，计算公式如下：

$$ctrl_i = \sum_{i=1}^{k} \frac{1}{C_i} \qquad (3.2)$$

（3）深度值 D。D 代表了在连接图中某一点到其他点的最短距离。D 具体指的是系统中某空间到达其他空间所需要的最小连接点数目（它不是空间目标之间的实际物理距离，而是空间目标之间的关系值，主要代表了两者的通达性）。在空间句法中，假设连接图是非加权并且无指向，假定全部的相邻空间的深度值为 1，并且以 3 个步长来代表局部深度值。

（4）集成度 I_i，即整合度（integration）。I_i 表明从一点出发，到空间中各个点所需要的总步数。集成度表示整个系统中某个空间和其他空间集聚或离散的程度。集成度可以分为局部集成度和整体集成度，这是出于对节点研究选择范围的大小考虑。概括而言，局部集成度是关于一个空间和距其 n 步远范围内的空间关系。整体集成度表示一个空间和其他空间的相互关系。集成度（或整合度）的计算是通过相对不对称值（relative asym-metry，RA）和实际相对不对称值（real relative asymmetry，RRA）来表述的，一般采用 RRA_i 的倒数表示集成度（或整合度），即集成度的大小等于 RRA_i 的倒数。其计算公式为

$$RA_i = \frac{2(MD-1)}{(n-2)} \text{且} RRA_i = \frac{RA_i}{D_n} \qquad (3.3)$$

其中
$$MD_i = \frac{\sum_{j=1}^{n} d_{ij}}{n-1}, D_n = \frac{2\{n[\log 2(n+2)/3-1]+1\}}{(n-1)(n-2)}$$

式中　n——城市系统内的总轴线数或总节点数；

$\quad\quad MD$——平均深度值。

以上是空间句法理论中涉及的主要分析变量的定义与原理，从这些空间数据的数值量上能够揭示出城市空间之间复杂的联系与生成肌理[22]。

在研究中的空间图形差异评测部分，作者在谷歌地图上选取了欧洲六座城市量距等大的六个城市中心区域，六座城市空间大小均为 1061m×802m。基于空间句法中的 Visibility Graph Analysis（VGA）法，在 UCL 开发的 Depthmap 10 软件平台下进行空间分析评测，具体成果见研究 3.3.2。

在空间轴线差异评测部分，作者绘制了欧洲六座城市的道路边界图，对

照 GIS 航拍图详细绘制基地道路宽度和建筑物，然后应用 Axwoman 对城市轴线进行计算，得到各个变量的值。具体成果见 3.3.3 节。附录 4 为六座城市空间具体统计的 Excel 数据表格。

3.1.3 眼动仪测试法在视觉景观节点中的分析应用

眼动仪测试法最初常用于社会心理学和认知学领域，目前也广泛应用于数字媒体设计和广告创意设计作品的后期评价上，它主要是基于视觉信息的加工原理与眼动关系，通过眼动仪瞳孔对焦采集人们对特定画面的瞳孔注视点信息（包括注视点位置、注视时间和注视顺序等），然后把视觉信息进行数据提取和统计分析，最终得到能够反映人们视觉注视规律的一系列视觉特征分析图。本研究在布拉格视觉景观节点的案例分析中运用了眼动仪测试法，这是眼动仪实验在城市景观领域内的初次尝试，希望能够解释部分景观注视点的眼动规律，对城市景观设计实践有所启示。

现在的商用眼动仪一般都能对头动进行补偿计算。如图 3.2 所示，即便眼动仪允许用户自由活动，也有一个规定的头动范围，比如 Tobii X60 和 T60 型眼动仪的头动范围在 44 cm×22 cm×30 cm（长 × 宽 × 高），而 X120 和 T120 型眼动仪的频率高，允许的头动范围更小，为 30 cm×22 cm×30 cm（长 × 宽 × 高），测试时应保证被试者的头动幅度在此范围内。在定标时，应允许被试者在规定范围内移动头部，并将头动纳入考虑。每一个实验样本测试完成后，就会得出实验数据中在界面各个注视焦点的时间和空间信息，包括被试者眼动瞳孔变化大小的差距信息（如果变化大，说明被试者被唤醒的程度高，反之亦然）。与此同时，眼动仪实验会自动生成热点图、集簇图、蜂窝回放图和视线轨迹图等直观的分析结果。眼睛的注视是评估的重要指标，指的是中央窝针对某一个物体关注的时间超过 100 ms。基本的注视点统计指标包括注视时长（fixation duration）和注视点数目（fixaiton count），均可以作为因变量来研究各个页面区域、感兴趣区域（area of interest，AOI）或对实验条件的影响。如果对用户的注视轨迹（gaze path）进行编码，也可以分析眼动轨迹规律。

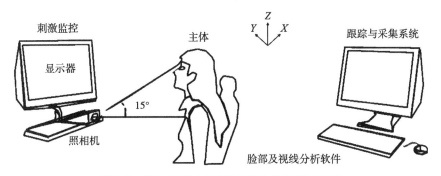

图 3.2　眼动仪实验中实验仪器与环境设定示意

被试者的视线在移动，眼球也在转动。如果要推算出被试者的视线方向，就得在眼睛图像中找到某种在眼球转动时也保持不变的特征，并计算其与瞳孔中心（其中心线即视线方向）间的向量关系。视线追踪技术中广泛运用的方法叫作"瞳孔－角膜反射方法"（The pupil center cornea reflection technique）。如图 3.3 所示，该方法所利用的眼动过程中保持不变的特征是眼球角膜外表面上的普尔钦斑（Purkinje image）——眼球角膜上的一个亮光点，由进入瞳孔的光线在角膜外表面上反射而产生。

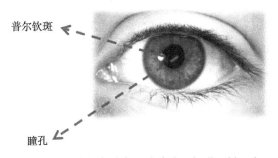

图 3.3　眼动仪实验中眼动瞳孔－角膜反射示意

由于摄像机的位置固定、屏幕（光源）的位置固定、眼球中心位置不变（假设眼球为球状，且头部不动），普尔钦斑的绝对位置并不随眼球的转动而变化（头部的小幅度运动也能通过角膜反射计算出来）。但其相对于瞳孔和眼球的位置则是在不断变化的。如图 3.4 所示，当被试者盯着摄像头时，普尔钦斑就在他的瞳孔中间；而当被试者抬起头时，普尔钦斑就在他的瞳孔下方。这样一来，只要实时定位瞳孔和普尔钦斑的位置，计算出角膜反射向量，便能利用几何模型，估算得到被试者的视线方向。基于前期定标过程（即让被试者注视屏幕上特定的点）中所建立的被试者眼睛特征与屏幕呈现内容之间的关系，仪器就能判断出被试者究竟在看屏幕上的哪部分内容。

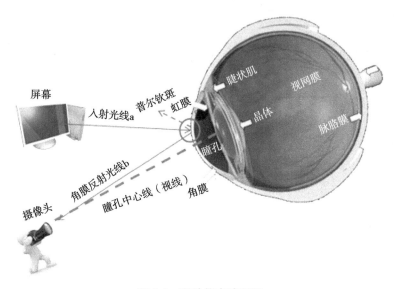

图 3.4　眼动仪实验原理

一般眼动仪实验都是应用在认知心理学方面，如图 3.5 所示为雅各布·尼尔森（Jakob Nielsen）等人利用眼动仪实验研究被试者阅读网页时常常会呈现"F 状"的模式图。

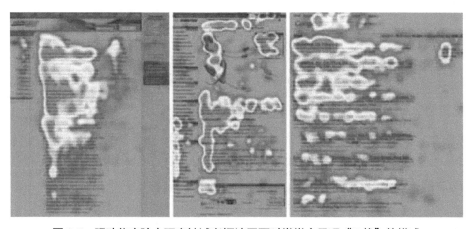

图 3.5　眼动仪实验中研究被试者阅读网页时常常会呈现"F 状"的模式

　　由图 3.5 可以看出人们对于一般性网页浏览的视觉关注点的分布规律。首先，视觉最多停留在网页整体模块的左上角部分（黄色或红色斑块叠加表示的区域），这三张图表示了每段文字的开端均是视觉持续关注的主要区域，瞳孔注视点的位置停留时间较长（呈黄色斑块）。而且，在这个区域中，每段话的第一行的前半段话停留时间最长（呈红色斑块）。相反，蓝色区域则关注点稀疏，或较少获得关注。位于中间的那张网页上有一个插图，人们对插图的视觉关注点是在图片主体的中心位置处，并呈跳跃式关注。同理，本章将在案例研究中运用眼动仪测试法对城市景观节点的视觉关注规律进行尝试性探讨。

　　在本次眼动仪实验中，实验样本总采集数 57 人（男 25 人，女 32 人），其中经过瞳孔对焦成功者 54 人，3 人因视力问题，不能成功对焦，故放弃实验，所以，本次实验有效样本总数 54 人（男 24 人，女 30 人），超过了普遍认可的样本量，故认为结果具有普遍的效力。被试者平均被试图片 17 张，每张图片自动播放 10 s 后切换下一张图片（经测试，5 s 并不能够满足大多数人的视觉要求，8～10 s 是最佳播放间隔，所以均采取 10 s 播放间隔，画面随即跳转下一张，无固定顺序播放，排除人为设定顺序带来的干扰）。如图 3.6 所示为第 54 位被试者（男士）正在进行眼动仪实验。该图左下角为被试者视频摄像，左上角为被测者编号，右侧的大屏幕为眼动仪对被试者进行瞳孔瞬间捕捉，包括瞳孔注视或停留时间、瞳孔转向和被观察点详细记录。

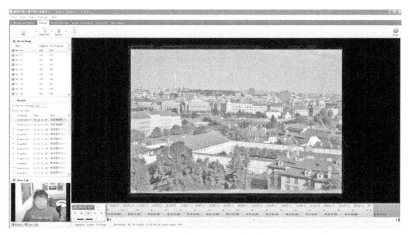

图 3.6　正在眼动仪实验测试中的第 54 位被试者

3.2　城市视景感知体验的理念构成

　　凯文·林奇在《城市意象》的第 1 章中提到："通常我们对城市的理解并不是固定不变的，而是与其他一些相关事物混杂在一起形成的，部分的、片断的印象。在城市中每一个感官都会产生反应，综合之后就成为印象。"[23]这里指的是城市的视觉印象。它主要着眼于城市外在形式的清晰性，就是比较容易对城市形成一个凝聚的形态理解或称为"可读性"。城市中形形色色的人（不同国家背景、不同民族特质、不同信仰环境和不同性格等）形成了对城市的共同感知理解。城市本身就是众多建造者在各种内因的作用下不断建造的产物[24]。不过，正是一连串不断发展的断面构成了城市本身。因为局部的控制只能作用于城市发展的过程或是形态生成过程，并不是最后的样式。亚历山大的论文《城市并非树形》[24]（1965）和专著《俄勒冈实验》[25]（1975）、达维多夫的《倡导规划与多元社会》[26]（1965）以及盖迪斯的《演变中的城市》[27]（1915）都把城市当作有机体。只有把城市看成社会发展中的复杂统一体，考虑到其中的行动与思想是有机的，城市才能更现实。无论是设计师还是民众，我们只有在清醒考虑到人们在城市生活中所产生的真实视觉感受，才能更深刻地认识和体验我们的城市。

　　威尼斯是世界著名的旅游城市之一，其城市面积不到 7.8 km²，由 118 个岛屿组成[28]，素有"水上都市""百岛城"和"桥城"之称。1987 年，威尼斯及其环礁湖因其独特的艺术成就而被联合国教科文组织列入《世界遗产名录》。因此，本章结合威尼斯实地考察，从视觉感知构成层级和要素分析两个层面，探索人们在城市景观中真实的视觉感知体验，关注视觉感知体验层级理念的形成逻辑。

　　马斯洛在 1943 年发表的《人类动机的理论》[29]一书中提出了需要层次理论。他将人类的需要归纳并按其重要性从低级生理性需要到高级心理性需要排列。类似的理论还有心理学家威尔伯提出的意识谱理论，他借用物理学中的光谱或频谱概念来类比说明不同水平上的意识之间的关系，即不同层面的意识构成意识谱，并在其著作《走出伊甸园》[40]（1981）中强调人类的意识是沿着物质的（physical）、生物的（biological）、心智的（mental）和精神的（spiritual）四个阶段逐步进化的。在马斯洛的需要层次理论和威尔伯的意识谱理论的基础上，作者尝试探讨视觉景观感知的层级理念逻辑。

　　一个人所处的环境是非常复杂的，要在这样的环境下找到通行的路线，第一，依赖感官形成的场所尺度；第二，所感觉到的景物以一种视觉秩序的方式被记忆；第三，人在城市中的行走或车行运动构成了动态的场所体验；第四，记忆的轴线和区域感形成了城市意象；第五，场所的环境品质促成了人们对该区域城市景观的美学评价。视觉景观感知理念的逻辑秩序图阐释了本书的核心观点，如图 3.7 所示。其中 A 阶段为视觉尺度感知体验；B 阶段为视觉秩序感知体验；C 阶段为视觉动态感知体验；D 阶段为城市意象体验；E 阶段为视觉感知体验的美学评价。它们的关系遵从金字塔形的体验顺序，由低层体验到中层体验，再到高层体验。其中每个阶段都有子类属划分：视觉尺度感知体验分为亲密尺度、个人尺度、社会尺度和公共尺度；视觉秩序感知体验中包含景观中景物的颜色、方向、大小和距离；视觉动态感知体验中包含人行模式和车行模式；城市意象体验中包括路径、区域、边缘、节点和地标；视觉感知体验的美学评价中包括韵律感识别、节奏的理解、平衡的识别以及和谐的敏感等基础形式美学标准和高层次的精神美学感知体验。

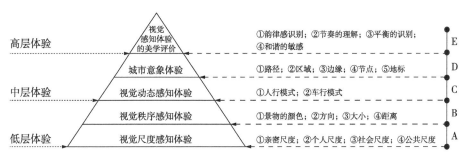

图 3.7　视觉景观感知理念的逻辑秩序

为了能够更详细地解释视觉景观感知的层级理念，本书将结合威尼斯城市景观调查研究的部分成果，从低层体验到高层体验的顺序简述城市景观视觉感知逻辑层级中的五个构成要素。

3.2.1　视觉尺度感知体验

视觉感官可以帮助我们感知世界，我们可以记住某个人的背影，根据背影和光，我们能识别出人与物的差异。

视觉感官在绝大多数情况下是在水平方向上缓慢进行向前的观察，视杆细胞和视锥细胞被加以组织以配合我们水平向的体验。总之，人是以一种线性的、水平向移动的方式体验城市中的长空间或带状空间，例如街道、林荫道和桥梁等。《隐匿的尺度》中指出亲密距离为 0～0.45 m；个人距离为 0.45～1.30 m；社会距离为 1.30～3.75 m；公共距离大于 3.75 m。此外，如图 3.8 所示，我们向上和向下看的视力发展非常不同，人类能够看到水平线以下 70°～80°，但我们向上能看到的视觉角度仅限于水平线之上 50°～55°。实际上，我们走路时，头通常向下倾斜 10°，以便能更好地看到路上的状况。根据扬·盖尔关于距离、感官和交流的观察研究，视觉社交范围的界限是 100 m，也就是说，我们能够看到 100 m 处的人（见图 3.9）。

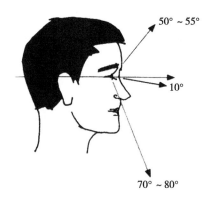

图 3.8　视角范围示意[30]

能体会到基本轮廓下的肢体动作和运动状态。我们通常能看清距离在 50～70 m 的人，包括具有特色的肢体语言和毛发的色彩等都可以在这个距离内被观察（或觉察）到。如果要正确解读人的面部表情，辨别出是高兴、悲伤还是生气，人与人之间的距离就应该在 22～25 m。

　　人在听力距离内具有"顺风耳"特征：距离在 50～70 m，我们能够听到求救声；距离在 35 m 以内，我们可以开展一些交流活动，例如，教堂中牧师对台下的大声单向的交流，或者是演员在舞台或与观众席中的交流；距离在 20～25 m，人们可以通过简短的信息进行相互交流，但是彼此之间还不能进行谈话；人们相距在 7 m 的范围内，则会产生真正的交流；从 0.5～7 m，距离越远，对话进行得越频繁，相互联系越紧密。其他感觉器官也随着距离的缩小而起作用，我们能闻到对方身上的味道，感觉到皮肤的温度差异。

100m 80m 50m 20m 10m 7.5m 5m 2m 0.5m

图 3.9　0.5～100m 距离范围尺度感示意

　　古老城市的社交广场大都长约 100 m，比 100 m 更长的是很少见的，80～90 m 的长度也较为普遍。欧洲的很多老城广场的尺度很少大于 10000 m²，绝大多数是 6000～8000 m²。威尼斯圣马可广场的最长边约为 175 m，最短边约为 56 m。在广场范围内（见图 3.10），人们能较清楚地看到广场上大部分人的活动，能看到绝大多数人的面孔，观察到人面部表情细微的变化；能清楚地听到小型音乐会表演的声音。

图 3.10　威尼斯圣马可广场

3.2.2　视觉秩序感知体验

视觉秩序是接受了美学教育的规划师和建筑师所青睐的一种方法。对视觉秩序的追求能够作为一种自觉的意识和现实始于文艺复兴时期。例如，巴黎改造以及 20 世纪实施完成的堪培拉和巴西利亚规划设计都运用了视觉分析的方法[32]。

设计能够让人们的视线按照顺畅的次序向前流动。人们一般的观看习惯是从左到右、从上到下。每个人在景观中就像是一台摄像机，摄像对于物体而言是有方向和流线性质的。图 3.11 是视知觉注意的阶段模型：最初，视觉场景中的一些基本属性（颜色、方向、大小和距离）在相互分离且平行的通路中被编码，生成特征地图。这些图谱再被整合成影像。然后，焦点注意再从影像中抽取信息以便详细分析图形中选定区域的相关特征[33]。

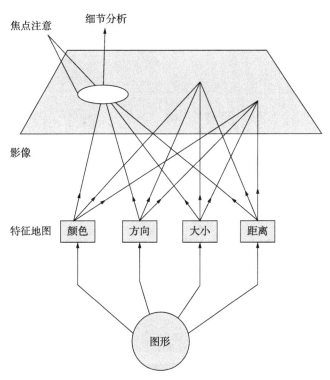

图 3.11　视觉秩序模型[33]

图 3.12 是威尼斯视觉场景片段，左上角照片中突出的是一组穹顶形态，左下角照片中的建筑街区形成立面景观的色彩对比，右边三幅照片呈现的水道和穿越其间的冈多拉（Gondola，威尼斯特有的水上交通工具）的细部视觉特色等明显引起视觉注意的信息会被编码合成影像，而后集合成威尼斯特定区域的场所视觉特征。

图 3.12　威尼斯视觉场景片段

3.2.3　视觉动态感知体验

美国著名的规划师埃德蒙·N. 培根[34]（1910～2005 年）提出"统一运动系统"。

因为居民主要城市活动的基础是线性运动，而每个人的运动也都有不同视点、视野、不同的环境和限制，所以不同的居民产生了不同的城市运动经历。基于每个人不同的运动目的，例如，有的人上下班，有的人休息或健身等，每个人的运动也会有不同的时间特征、路网形态和环境氛围等差异。因此，我们能够对环境产生的体验是一个包含了运动和时间的动态活动，穿越空间的动态体验成为城市设计视觉维度的重要组成部分[35]。新的交通模式的发展提供了观看、参与、形成城市环境意向的其他方式，人们以不同的速度关系、不同的参与和聚焦程度进行观看，伴随着自由的停顿，步行的视点以及人与环境之间的关系也是时刻变化的。

作者对威尼斯进行了实地考察和摄像记录。如图 3.13 所示，威尼斯视觉动态体验分析图展示了调研点的范围，即威尼斯的一个普通街区空间的远景、中景和近景。16 张图展示了步行中的视觉动态体验。由此可以看出，大约 2.5 min 的时间内实际看到的空间是变幻多样的，人们在这样的空间内很少会感到乏味和无趣。正如 James 关于在威尼斯步行的观点："一段充满变化和趣味体验的时间看起来过得很快，然而当我们回首时却觉得很长。（同样）……缺乏体验的一段时间在经历的时候看起来很长，但是回顾时却很短。"[36]

3.2.4　城市意象体验

林奇说：城市意象是一种人们对城市的"可读性"或"可见性"的理解。人们对物体的理解不仅限于看见的层面，还应该有更加清晰的理解和感知。什么是一个"可意象的城市"呢？它应该是看起来适宜、有特色、能够调动人的视听感知的综合参与，并且能够形成高度完整的城市印象。城市形成的美感不应该是肤浅的，应该是不断持续地深入和慢慢地被理解的。林奇所指出的城市意象的五要素包括路径、区域、边缘、节点、地标。

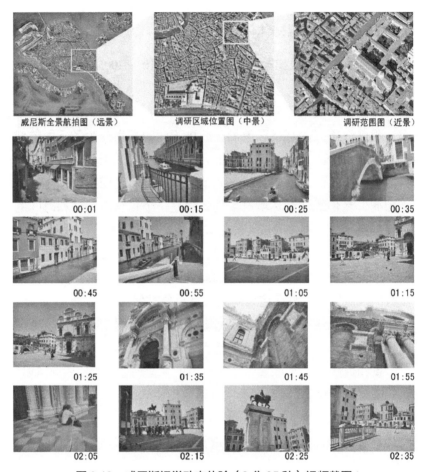

威尼斯全景航拍图（远景）　　　调研区域位置图（中景）　　　调研范围图（近景）

00:01　　00:15　　00:25　　00:35

00:45　　00:55　　01:05　　01:15

01:25　　01:35　　01:45　　01:55

02:05　　02:15　　02:25　　02:35

图 3.13　威尼斯视觉动态体验（2 分 35 秒）视频截图

意大利威尼斯的圣马可广场是以上五个要素很好的综合的实例。整座城市处于一个制高点（钟楼）的控制下（见图 3.14），因为钟楼的形态特征、制高点的纵向高度和大面积砖红色都与周围的建筑形成鲜明的对比，所以钟楼无疑成为场所内的地标。广场总体共有两个组成部分，Piazza 和 Piazzetta，以及其他众多的作为辅助的标志性构筑物。圣马可广场由于形式复杂多元，且从航拍图上可以清楚地看到广场内的环境和附近的蜿蜒小街道形成了巨大反差，只要一进入广场，即使人流量很大，也会感知到它的形式和方向特征。人们进入其中也能够很容易地找到自己的位置。因为在整体体验中，钟楼作为地标，其中每一个局部也都有标志物作为提示，例如面向大海的构筑物（与雕塑结合构成）。

　　总之，从普通街区（区域）到圣马可广场（节点）的钟楼（地标），一直走到海边（边缘）的开敞空间，整个过程（路径）是一个从狭窄空间逐渐感受开敞空间的视觉体验过程，人们只要进入广场就能很容易地找到自己的位置，因为钟楼作为最重要的地标和其他辅助性的标志物（或节点）都能使人明晰方向。圣马可广场的视觉体验使得人们对威尼斯整座城市的印象进一步得到了深化。

图 3.14　威尼斯圣马可广场

3.2.5　视觉感知的美学评价

因为我们一直体验着"整体"的环境，所以环境应该被看作合集而不是孤立的某个部分。要想使环境变得越来越和谐有序，就要在视觉上体现出秩序与和谐。格式塔学派心理学家提出美学的秩序与和谐来自模式的分类和识别。为了让环境在视觉上更和谐，我们运用分组的原理从局部开始创造"好"的形式。

斯密斯认为，我们对美学评价的直觉能力有四个明显的成分：

（1）对韵律与图案的视知觉。韵律指代并涵盖了整个画面中所具有的某种接近性（相似性）特征，而且包括了复合体与图案的并存状态。有节奏的图案不是简单的重复，而是构成了一个比"一一对应"更具有"牢固亲缘关系"的系统。

（2）对节奏的理解。节奏依赖于更严格的自身重复的效果。节奏产生于创造强音、间隔、重音和（或）指引等元素的分组。为了避免单调，对比和变化是不可少的。

（3）对平衡的识别。秩序的其中一种体现形式就是平衡，它一般与视觉环境中的每个部分都有着某种和谐关系，也通常能够在一个相对复杂和混乱的场景中保持平衡。

（4）对和谐关系的敏感。和谐主要是着重于某几种组成部分相互之间的关系。此外，和谐还包括了组合在一起后形成的整体关系。

如图 3.15 所示，威尼斯城几乎处处可见的柱廊形成了美学上明显的韵律感和图案感。为了避免单调，柱廊的立面进行了有间隔的竖向节奏分组。为了获得平衡的视觉效果，柱廊的秩序感很强，但是并不单调，其中每个柱廊的端头、拱顶石、柱帽和女儿墙的艺术处理都结合了不同的人像、半身像和头部雕像。使人远看时能感受到柱廊形式统一和谐，近看时能感受到各柱廊自身的雕塑又多元复杂。在格式塔学派心理学家的著作和斯密斯所说的上述四个美学评价组成部分里，最重要的论点之一是人有一种对环境中的秩序和纷杂之间的平衡的明显需求（一种随着事件和熟悉程度而变化的平衡）。

图 3.15　威尼斯圣马可广场的柱廊类型

芬兰著名建筑师沙里宁曾经指出，一个城市的外观表现可以反映出这座城市人们的文化追求[37]。城市的可见形式是思想观念的物化和象征。威尼斯共和国的统治者一直以来都明白一个道理：威尼斯共和国的生存依赖于高度的公共道德。威尼斯的经济、文化和政治中心是圣马可广场。因此，圣马可广场必须体现威尼斯共和国的美德基础——诚实、希望和博爱。圣马可广场主要由公爵府、圣马可教堂、新旧市政厅以及钟楼组成。公爵府是威尼斯共和国的政治中心，圣马可教堂是威尼斯共和国的宗教中心，新旧市政厅是威尼斯共和国的经济中心，三者综合在一起形成了一个民主而富有活力的共和国[38]。因为，统治者意识到良好的公共环境是他们私人利益的主要保障，外在的美好是内在美好的标志，所以，只有美丽的城市景观才能说明政治的清明和社会秩序的良好[39]。如图 3.16 所示，圣马可教堂正面著名的 13 世纪马赛克镶嵌画、拱门装饰花纹里有数不清的小型雕塑人体、长有羽翼的圣马可狮子、四匹铜马、数十个逼真人物和拥有翅膀的天使雕塑，上百根大理石柱和十几个哥特式尖顶。教堂整体融合了古典式、伊斯兰式和哥特式三大建筑风格，被誉为"世界的中心建筑"[40]。无怪乎拿破仑赞叹其为"欧洲最美的客厅"。圣马可广场的建筑与空间布局既隐喻了威尼斯共和国所推崇的价值观念，又指代了整个社会的大众理想，这种理想给人们的日常生活带来了一种新的内聚力。但是，这种内聚力是指全体社会所共同拥有的历史文化遗产（这里不是指经济上的大众利益）。因此，这种力量会越来越持久[41]。

图 3.16　威尼斯圣马可教堂的建筑艺术表现

　　城市景观是一个大的记忆系统，人们对特定环境有一定的共同记忆和符号理解，这些共同记忆和符号理解综合起来便形成了群体的历史和思想记忆。通过结合威尼斯的案例与需求层级思想的探索可以看出，我们的视觉感知所体验和所追寻的其实是一个开放的、具有一定视觉感受层级的、能够不断发展的经验秩序。威尼斯整座城市在场所尺度、视觉秩序、视觉动态体验、城市意象和美学评价五个层面上呈现出的视觉感知的经典性值得我们思考和借鉴。

　　需要强调的是，在特殊的文化地域性景观改造与更新项目中，尤其是在历史文化遗产保护地的景观改造中，低层级需求的满足是前提条件，工作的重点应该是满足视觉感知需求层级中金字塔顶端的城市意象和美学评价两方面需求。历史遗存的更新性保护既是造福子孙的千秋伟业，又是一项极其复杂艰巨的工作。例如，威尼斯圣马可广场是 14 世纪和 15 世纪威尼斯共和国经济和政治势力大增的象征，在其后的数百年间，公爵府和圣马可教堂经历了大火后的重建、多次扩建和不断的重建装饰美化等，到目前为止圣马可广场还在不断地进行保护性更新的计划。正是经历了这么多年的不断翻修和保护性更新的努力后，圣马可广场才形成了今天这种新旧共融、和谐进化的状态。

3.3　城市景观视景感知的差异评测

　　空间句法能够运用在城市景观视景感知差异评测部分，主要是因为在分析城市的空间构成要素时，该方法能用来预测或模拟空间的视觉连接或控制状态。差异评测的目的是分析城市的发展脉络、景观视觉通透性和连接度等问题。

　　本章将基于欧洲多个代表性国家的城市实地调研，采用伦敦大学学院（UCL）空间句法实验室的软件资源分析伦敦、柏林、布拉格、巴塞罗那、威尼斯和巴黎的城市中心视觉景观区，分析内容主要涉及空间的连接值、深度值、集成度和控制值等。

3.3.1 城市景观空间视景感知评测综述

城市空间要素是时刻变化的，由于当前国际学术界不能够预测这种变化而面临很多城市问题。包豪斯曾经以设计工业化相关的新型城市而闻名于世，但是因为其经济性差而逐渐陷入低谷。"奥柯姆"原则是以体现逻辑实证主义整合城市设计的分析过程，但它不能够将城市空间要素不断变化的复杂性融入城市设计中而最终趋于失败。用构成主义理解复杂的城市系统是不能解释和预测空间中出现的持续不断的变化的。上述所说的空间进程中都面临着同样的问题：不能有一个有效而合适的手段来预测或模拟城市空间的不断变化（这种变化是随着时间变化而产生的），在分析和探讨城市空间的构成要素时尤其显得无力。因此，空间句法便由此诞生并得到了发展[42]。

城市生活品质在很大程度上受到城市空间品质的影响，城市空间品质的基础是以交通作为组织形式的，交通的尺度决定了城市是以车行为主还是以步行为主，交通的开合决定了视线的通透与围合。图3.17展示了利用空间句法模型表示威尼斯城市的分形地图。威尼斯的城市空间总体是由街道网和水路网组成的，空间句法软件通过分析已经绘制好的街区交通路网和水网地图，抽取和区分空间形态，选择并分析城市街道与水路的联系关系、联系长度和连接点位置等信息，通过不同颜色区分道路的连接度和集成度等值的变化，这样就得到了传统现状地图中所看不到的道路和水路空间之间数值变量的关系。其原理或实质是将空间进行均质方格网划分，再通过街区的进一步细化对街道和建筑进行空间上的模数化分析。通过利用空间句法模型表示威尼斯城市的分形地图，我们可以得出该城市的总体特征和沿街的可见性、商业性和安全性等方面的结论[42]。这对城市的更新和发展而言意义重大，因为它对于道路（或水路）适合商业用途或居住用途等的结论是一种有力的空间数据参考，它可以帮助政府进行城市再发展和更新方面的城市空间决策。

空间句法应用成果的分析主要有凸状空间法、轴线法（Axialmap）、VGA法（Visibility Graph Analysis）和所有线分析法。通过运用不同的方法分析同一个实例可以更加深入地理解不同方法的侧重点。表3.1为空间句法中各种方法的适用性特点对比情况。

图 3.17　利用空间句法模型表示威尼斯城市的分形地图[42]

表 3.1　各种空间句法的适用性特点比较[43]

方法名称	凸状空间法	轴线法	VGA 法	所有线分析法
适用空间类型	建筑室内空间	城市、街道等开放空间	城市、建筑等大空间	城市、街道等开放空间
动态 / 静态	静态	动态	动态 / 静态	动态
空间界面复杂度	适合形态、界面简单的空间	适合形态、界面简单的空间	适合形态、界面复杂的空间	适合形态、界面简单的空间
操作性	空间复杂时划分不唯一，需要计算机辅助	空间复杂时划分不唯一，需要计算机辅助	操作相对明确，需要计算机辅助	操作相对明确，需要计算机辅助，但空间复杂时易出错
细致 / 直观	直观	直观	细致	细致

由表 3.1 可知，凸状空间法主要运用在室内，而所有线分析法在空间复杂时容易出错，所以本研究选用适合城市复杂空间形态分析的 VGA 法和适合街道开放空间分析的轴线法。

3.3.2　城市空间图形的视觉差异评测

城市和社区能够为人们特定的活动搭建舞台。在伦敦、柏林、布拉格、巴塞罗那、威尼斯和巴黎等城市的内街上，本研究采用步行兼摄像的感知体验方式，随时记录空间的视觉特征。以下为作者采用 VGA 法进行的动态空间分析评测。VGA 法是基于视觉感知的原则，即保证视线的相互可见性，采用矩阵来代替凸状空间的原理实现计算，相当于用一定密度的小方格作为统一标准的凸状空间，并以此来填充空间系统，然后量化图示分析。图 3.18～图 3.23 为六座城市区域采用 VGA 法的分析结果，六座城市的空间大小均为 1061 m×802 m 航拍范围。

3.3.2.1 伦敦大本钟中心附近区域

图 3.18 为伦敦大本钟—伦敦眼附近区域航拍图和 VGA 法分析图。从 VGA 法分析图中可以清楚地看到视线的分布情况，红色为视线最为集中的部分，然后依次为黄色、绿色部分，而深蓝色为视线最不集中的部分。从图中冷暖、深浅颜色强烈对比的部分可以看出，伦敦大本钟—伦敦眼附近区域的视线分布主要是泰晤士河两端的区域：威斯敏斯特桥（Westminster Bridge）的西向入口、伦敦眼附近的绿地广场和道路交通线的枢纽分别显示黄色、橙色和红色的视线密集区。在威斯敏斯特桥交通枢纽处，疏通道路狭窄，人流量巨大。根据实地调研的体验：由于伊丽莎白塔（威斯敏斯特宫报时钟，即大本钟，钟楼四面的圆形钟盘直径为 6.7 m，坐标：51°30′02.2″N，00°07′28.6″W）是伦敦的传统地标，受传统文化的影响，这里聚集了大量人群。若排除文化因素干扰，单就空间形制分析而言，这里的视线较密集，其连接度和整合度都很高。

3.3.2.2 柏林新国会大厦附近区域

图 3.19 为柏林新国会大厦附近区域航拍图和 VGA 法分析图。从 VGA 法分析图中冷暖和深浅颜色强烈对比的部分可以看出，位于国会大厦中心北侧的广场和交通枢纽位置的特点是空间面积较大而且视线比较集中，并且暖色部分基本覆盖了整个国会大厦的前广场，暖色位置几乎均在河流南侧，北侧视线比较稀疏。这是新中央广场进行改扩建工程的结果。建筑师诺曼·福斯特（Norman Foster）设计的柏林新国会大厦是在对原有建筑的改建和扩建工程（第二次世界大战时，原建筑的中央穹顶被毁）的基础上对旧建筑整体外观进行保护性更新（根据新的功能需要对建筑空间、结构等进行更新设计）。周围的新国会大厦建筑群经过整体规划设计后形成了中央式的开敞空间，视线通透性明显得到了改善，空间的视线连接度提高了，站在中央开敞

空间的任何地方都可以很容易地看到新国会大厦的全貌。在 VGA 法下形成的视觉感知分析图明显证明了实地调研时的视觉感知效果。

（a）伦敦大本钟区域GIS航拍图

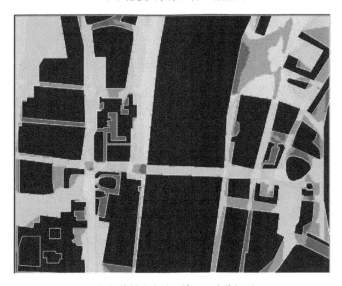

（b）伦敦大本钟区域VGA法分析图

图 3.18　伦敦大本钟—伦敦眼附近区域航拍图和 VGA 法分析图

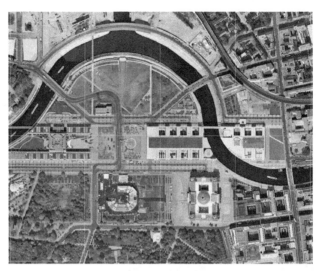

（a）伯林新国会大厦区域GIS航拍图

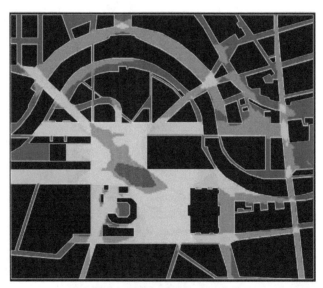

（b）柏林新国会大厦区域VGA法分析图

图3.19　柏林新国会大厦附近区域航拍图和 VGA 法分析图

3.3.2.3　布拉格历史保护中心区域

图 3.20 为布拉格历史保护中心区域航拍图和 VGA 法分析图。位于右侧老城广场中心南北向交通枢纽的位置视线最密集。在布拉格查理大学文学院

（Univerzita Karlova v Praze-Filozofická fakulta）东侧和伏尔塔瓦（Vltava）河对岸的空间显示为红色区域。这说明在老城中心广场处和重要建筑周围与河岸枢纽处出现了视觉密集区。此外，由图可见，道路几乎没有笔直的，都是自然形成的，这就意味着视线在其他地方连接值并不高，这是否造就了神秘感，提升了布拉格的城市趣味性？凯文·林奇（1984）曾说："我们的喜悦……在含糊、神秘和惊奇中，只要它们包含于一种基本秩序中，只要我们能确信将迷惑编织进某些新的或更复杂的模式之中。假如我们能毫无困难地看到整个空间，那么这个空间就不是具有很深远的内涵，也不具有下一个层次空间的可能……含有某种潜在的或隐藏的小空间，制造某种神秘或是迷惑的感受……在更长的时期里，'可识别性'和'神秘性'的品质激励了对环境的探索。"通过调研得出这种"神秘"的空间特质和布拉格的城市景观风格（童话城市）有很多共通点（见本章 3.4 节的案例研究），增强了人们进一步了解这座城市的欲望。

3.3.2.4　威尼斯圣马可广场附近区域

图 3.21 为威尼斯圣马可广场附近区域航拍图和 VGA 分析图。VGA 分析图上唯一的红色部分是圣马可广场区域，处于连接南北两侧的交通枢纽位置。偏暖的蓝色区域是次一级的六座小广场。直到今天，威尼斯一直作为一座步行城市发挥着作用，其狭窄的街道和许多运河小桥阻止了汽车的进入。事实上，几个世纪以来，这座城市就被设计且适应着步行交通，这就使得今天的威尼斯人潮涌动，处处显示出了人性化维度的关怀。扬·盖尔在《人性化的城市》中描述威尼斯具有："紧密的城市结构，短捷的步行距离，美妙连续的空间，高度的混合功能，活跃的建筑首层，卓越的建筑和精巧设计的细部——所有都是基于人性化尺度的。几个世纪以来，威尼斯已经赋予了城市生活的错综复杂的网络并且还在不停地进行着，这些都流露出一种对步行的诚心诚意的邀请。"然而，根据作者的亲身经历，短短几天的行程，迷路的经历超过两次。正如凯文·林奇所说："我们的喜悦……在含糊、神秘和惊奇中，只要它们包含于一种基本秩序中，只要我们能确信将迷惑编织进某些新的或更复杂的模式之中。"这说明只要它们包含于一种基本秩序，神秘就是可以接受的美学体验。对不熟悉当地路网的人需要设计很好的交通导引系统，虽然视线的迂回会增加神秘感，但前提是可以找到回家的路。

（a）布拉格历史保护中心区域GIS航拍图

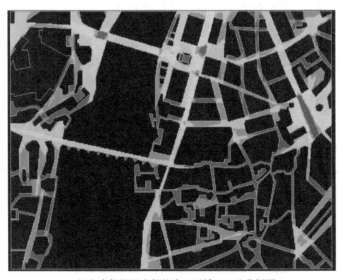

（b）布拉格历史保护中心区域VGA法分析图

图 3.20　布拉格历史保护中心区域航拍图和 VGA 法分析图

（a）威尼斯圣马可广场附近区域GIS航拍图

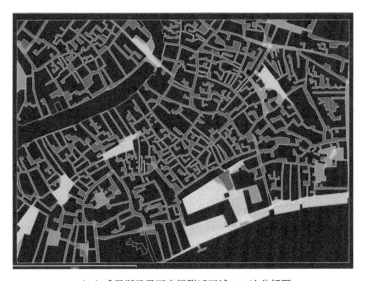

（b）威尼斯圣马可广场附近区域VGA法分析图

图 3.21　威尼斯圣马可广场附近区域航拍图和 VGA 法分析图

3.3.2.5　巴塞罗那圣家族大教堂附近区域

世界著名建筑师高迪设计的圣家族大教堂是为维护社会精神支柱而建立的，它位于巴塞罗那的市区中心（位于城市规划的主轴线上），是城市文化的中心，也是巴塞罗那的标志性建筑，是城市最重要的地标。圣家族大教堂在 1884 年以新哥特式风格在都市计划区的东北部启建。这座可容纳万名信徒的教堂因为工程浩大、施工复杂，建设周期跨越了三个世纪。在它尚未竣工之时，已被选为世界文化遗产。

图 3.22 为巴塞罗那圣家族大教堂附近区域航拍图和 VGA 分析图。圣家族大教堂前广场和教堂后门两侧出现了六处红色斑块。教堂南侧与整体网格形路网斜向相交的主要交通道路有四处红色斑块，这说明在对网格产生较大影响的路网相交处出现了视线密集区。红色的视线密集区分布在教堂周围，这说明在观看教堂的正立面和侧立面时，周围街区的视线通透性条件良好，能够起到主导城市视觉中心和地标的作用。整体路网规整，从而形成了较好的视觉秩序和空间逻辑。在空间轴线数值分析中也得出了相似的结论，即较其他几个城市而言，巴塞罗那城市中心区的视轴线网路连接效率最高。

3.3.2.6　巴黎市卢浮宫附近区域

卢浮宫始建于 1204 年，历经 800 多年的扩建和重修才达到了今天的规模。它的整体建筑呈 U 形，分为新、老两部分。城市街区整体交通分布情况是主干道交通分布呈直线形，每个街区内次级交通支路呈自由形。由于位于中部的卢浮宫尺度较大，且视线通透，能够形成较强的视觉中心，所以卢浮宫作为巴黎市中心的标志性建筑有着很强的视觉张力。图 3.23 所示为巴黎市卢浮宫附近区域航拍图和 VGA 分析图。红色的视线密集区主要位于卢浮宫南侧入口（靠塞纳河一侧）和卢浮宫后侧的交通枢纽（靠塞纳河北岸的区域）。其主要原因是靠塞纳河一侧路网承受了东西向的主要交通，卢浮宫后侧出现了大尺度的城市广场，视线通透性好，空间连接度和局部整合度都较高。卢浮宫内部主要运用法国古典园林风格的轴线统摄场地交通。从更上一级区域的尺度来看，图中区域范围位于巴黎城市中轴线香榭丽舍大道（卢浮宫—凯旋门—德方斯）的大轴线上，因其具有较高的文化地位和较强的政治色彩而吸引了世界各地的游客。人们的游览路线多从卢浮宫南侧入口（靠塞纳河一侧）进入，经过中央交通广场（中心为贝聿铭设计的玻璃倒金字塔采光天井），从右侧进新馆入口（正玻璃金字塔处），整体流线形视线通达无遮挡。

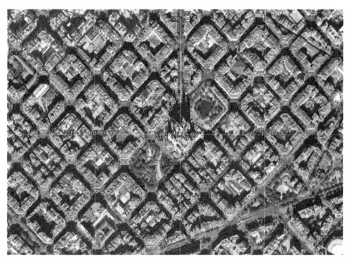

（a）GIS航拍图

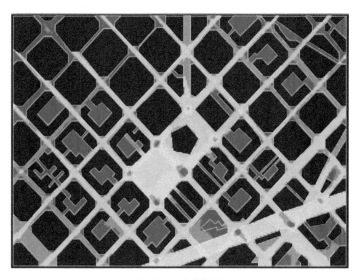

（b）VGA法分析图

图 3.22　巴塞罗那圣家族大教堂附近区域航拍图和 VGA 法分析图

（a）GIS航拍图

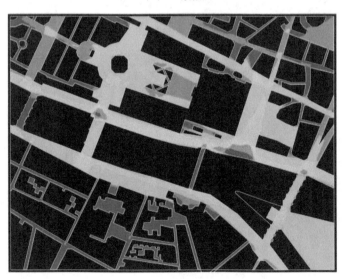

（b）VGA法分析图

图 3.23　巴黎卢浮宫中心区域航拍图和 VGA 法分析图

3.3.3　城市空间轴线的视觉差异评测

一定程度的视觉空间的交通组织、建筑形态和广场位置影响了市民的生活出行和集会等活动。城市空间轴线的视觉差异评测部分是基于城市形态学研究领域 GIS 系统的主要软件平台 Arcview 3.0 的外挂程序，它能够进行空间句法模型建构和主要分析运算。本节实验主要是在采用 Arcview 3.0 外挂程序 Axwoman 模块基础上，对欧洲六座城市的道路绘制道路边界图，对照 GIS 航拍图详细绘制基地道路宽度和建筑物，并应用 Axwoman 对城市轴线进行计算，得到各个变量的值。

局部集成度指代一个特定空间和与它几步远（一般是三步）距离范围空间的关系；三步远距离平均深度（Three-depth）反映的是某一道路至其他道路的平均连接数；总深度（Total-depth）反映的是非尺度距离变量，它指道路网络到其他道路的最小连接数的加和。总深度和三步远距离平均深度都表示了道路的连接性能。总深度值越小，连接性就会趋高，道路网络效率也相应提高。集成度描述了道路在整个路网上的结构特征，它表示空间中点的可达性（快捷程度）。集成度的值如果趋高，则轴线表示的道路在路网上的便捷度便会加大。控制值（Control value）和连接值（Connectivity）从拓扑学意义上而言是空间可变性的评价方式，它们是由与轴线直接相连的轴线数目决定的。本节将结合空间句法分析变量统计图（见图 3.24 ～图 3.29，空间大小均为 1061 m×802 m）下方的 Excel 统计分析值的变化和趋势分析六座城市的视觉感知空间差异。

3.3.3.1　伦敦大本钟中心附近区域

在图 3.24 中，红色代表轴线连接度高，随着颜色的变冷，连接度渐低。在 1061 m×802 m 范围内共有 49 条视觉轴线（统计分析数据见附录 4），其中红色轴线 1 条，标尺显示在 11 ～ 12 范围内；标尺在 9 ～ 10 范围内，有黄色轴线 2 条；绿色和浅蓝色轴线较多；深蓝色轴线相对较少。如图 3.24（b）所示，局部集成度、三步远距离平均深度值均在 98% 以上；总深度值在 90% 上下浮动，最低为 83%；集成度在 0 ～ 20%。控制值、连接值和智能值趋势几乎一致，也在 0 ～ 20%。

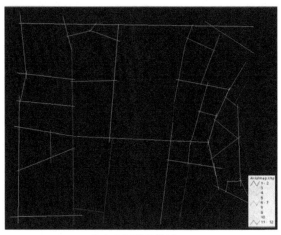

（a）空间轴线分析

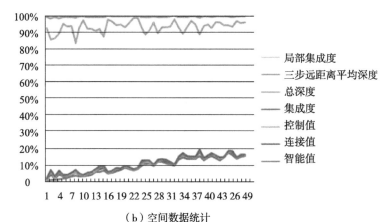

局部集成度
三步远距离平均深度
总深度
集成度
控制值
连接值
智能值

（b）空间数据统计

图 3.24　伦敦大本钟—伦敦眼附近区域轴线图和轴线空间数据统计分析图

3.3.3.2　柏林国会大厦附近区域

在图 3.25 中，红色代表轴线连接度高，随着颜色的变冷，连接度渐低。在 1061 m×802 m 范围内共有 69 条视觉轴线（统计分析数据见附录4），其中红色轴线 1 条，标尺显示在 11～12 范围内；标尺在 9～10 范围内，有黄色轴线 1 条；绿色轴线 5 条；浅蓝色和深蓝色轴线相对较多。在图 3.25（b）中，局部集成度、三步远距离平均深度值均在 98% 以上，总深度值在 85%～100%，集成度在 0～23% 缓慢上升，控制值、连接值和智能值在 0～23% 缓慢上升。

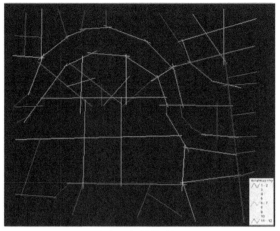

（a）空间轴线分析

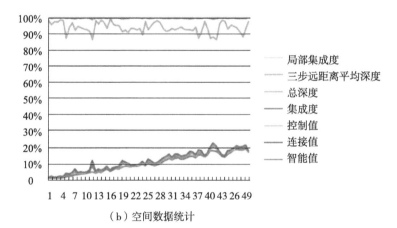

（b）空间数据统计

图 3.25　柏林附近区域轴线图和轴线空间数据统计分析图

3.3.3.3　布拉格历史保护中心区域

在图 3.26 中，红色代表轴线连接度高，随着颜色的变冷，连接度渐低。在 1061 m×802 m 范围内共有 230 条视觉轴线（统计分析数据见附录 4），其中红色轴线 1 条，标尺显示在 10～11 范围内；标尺在 8～9 范围内，黄色轴线 6 条；绿色轴线 6 条；浅蓝色和深蓝色轴线相对较多。在图 3.26（b）中，局部集成度、三步远距离平均深度值均在 99% 以上；总深度值在 99% 以上；集成度在 0～1%，几乎无变化；控制值、连接值和智能值在 0～1%，几乎无变化。

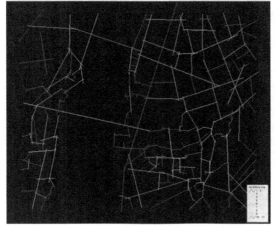

（a）空间轴线分析

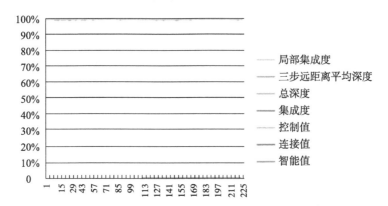

（b）空间数据统计

图3.26　布拉格中心区域轴线图和轴线空间数据统计分析图

3.3.3.4　威尼斯圣马可广场附近区域

在图3.27中，红色代表轴线连接度高，随着颜色的变冷，连接度渐低。在1061 m×802 m范围内共有878条视觉轴线，其中红色轴线2条，标尺显示在10范围内；标尺在8～9范围内，有黄色轴线6条；绿色轴线23条；浅蓝色和深蓝色轴线较多。在图3.27（b）中，局部集成度、三步远距离平均深度值在99%以上；总深度值在99%以上；集成度在0～8%；控制值、连接值和智能值在0～8%。

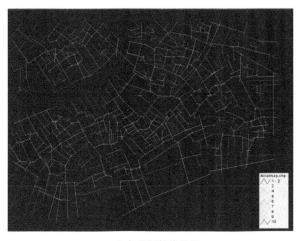

（a）空间轴线分析

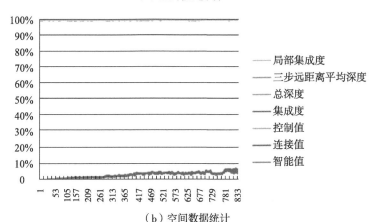

（b）空间数据统计

图 3.27 威尼斯区域轴线图和轴线空间数据统计分析图

3.3.3.5 巴塞罗那圣家族大教堂附近区域

在图 3.28 中，红色代表轴线连接度高，随着颜色的变冷，连接度渐低。在 1061 m×802 m 范围内共有 65 条视觉轴线（统计分析数据见附录 4），其中红色轴线 2 条，标尺显示在 15～16 范围内；标尺在 12～14 范围内，有黄色轴线 6 条，绿色轴线 4 条；浅蓝色和深蓝色轴线相对较多。在图 3.28（b）中，局部集成度、三步远距离平均深度值均在 98% 以上；总深度值在 68%～100% 内上下浮动明显；集成度在 0～23% 区间明显浮动上升；控制值、连接值和智能值在 0～23% 浮动上升。

77

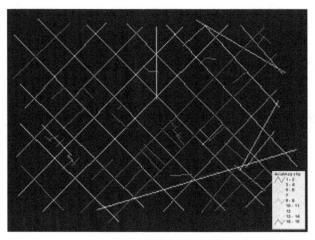

（a）空间轴线分析

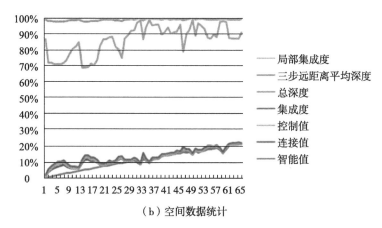

（b）空间数据统计

图 3.28　巴塞罗那中心区域轴线图和轴线空间数据统计分析

3.3.3.6　巴黎市卢浮宫附近区域

在图 3.29 中，红色代表轴线连接度高，随着颜色的变冷，连接度渐低。在 1061 m×802 m 范围内共有 64 条视觉轴线（统计分析数据见附录 4），其中红色轴线 2 条，标尺显示在 10～11 范围内；标尺在 8～9 范围内，有黄色轴线 1 条；绿色轴线 2 条；浅蓝色和深蓝色轴线相对较多。在图 3.29（b）中，局部集成度、三步远距离平均深度值在 98% 以上；总深度值在 85%～100% 内上下浮动明显；集成度在 0～19% 区间浮动上升；控制值、连接值和智能值在 0～19% 区间浮动上升。

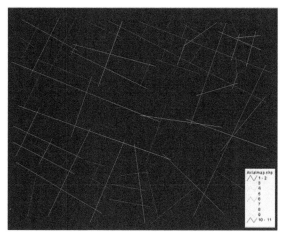

（a）空间轴线分析

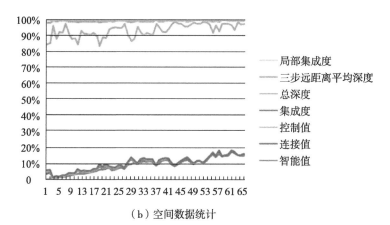

（b）空间数据统计

图 3.29　巴黎卢浮宫中心区域轴线图和轴线空间数据统计分析

3.3.4　城市景观视觉差异评测的结论

结合图 3.30 和图 3.31，采用空间句法数值统计对六座城市进行对比分析，结论如下所示：

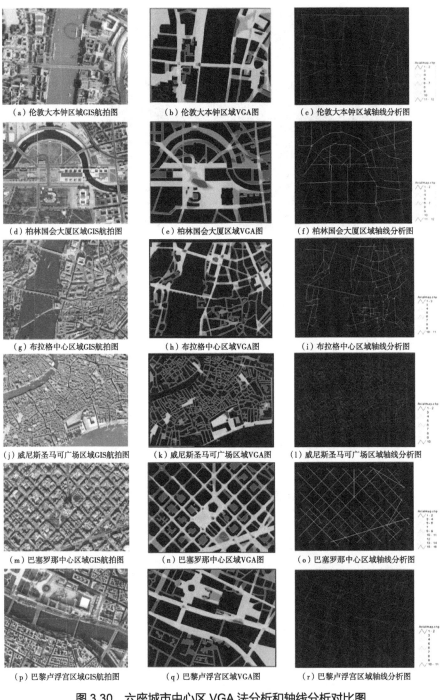

（a）伦敦大本钟区域GIS航拍图　　（b）伦敦大本钟区域VGA图　　（c）伦敦大本钟区域轴线分析图

（d）柏林国会大厦区域GIS航拍图　（e）柏林国会大厦区域VGA图　（f）柏林国会大厦区域轴线分析图

（g）布拉格中心区域GIS航拍图　　（h）布拉格中心区域VGA图　　（i）布拉格中心区域轴线分析图

（j）威尼斯圣马可广场区域GIS航拍图　（k）威尼斯圣马可广场区域VGA图　（l）威尼斯圣马可广场区域轴线分析图

（m）巴塞罗那中心区域GIS航拍图　（n）巴塞罗那中心区域VGA图　（o）巴塞罗那中心区域轴线分析图

（p）巴黎卢浮宫区域GIS航拍图　　（q）巴黎卢浮宫区域VGA图　　（r）巴黎卢浮宫区域轴线分析图

图 3.30　六座城市中心区 VGA 法分析和轴线分析对比图

（1）布拉格历史保护中心区域和威尼斯圣马可广场附近区域的轴线分析统计数值相似度极高。

如图 3.31 所示，布拉格中心区域的局部集成度、三步远距离平均深度值均在 99% 以上。威尼斯圣马可广场区域的三步远距离平均深度值也在 99% 以上。布拉格和威尼斯两区域的总深度值均在 99% 以上。布拉格中心区域的集成度在 0～1%，几乎无变化。威尼斯圣马可广场区域的集成度在 0～8%。由此可见，威尼斯圣马可广场区域的比布拉格中心区域的路网便捷程度高约 7%。布拉格中心区域的控制值和连接值在 0～1%，几乎无变化。威尼斯圣马可广场附近区域的控制值和连接值在 0～8%。这说明从视觉的感知层面上来看，一个人如果站在威尼斯城市街道或广场看到的临近空间的个数比在布拉格看到的数目要多 7%。

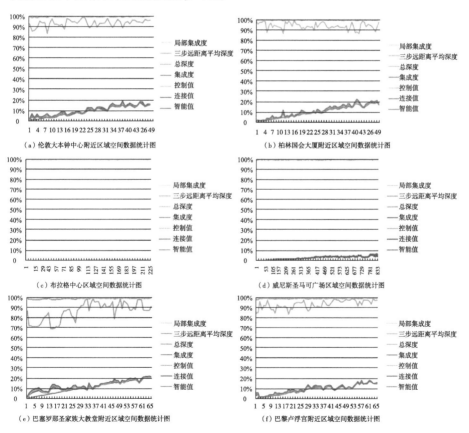

图 3.31　六座城市中心区域轴线数据统计分析对比图

（2）伦敦大本钟中心附近区域、柏林国会大厦附近区域、巴塞罗那圣家族大教堂附近区域和巴黎市卢浮宫附近区域相似度较一致。

综上所述，根据统计分析数据，柏林和巴黎相关区域的局部集成度、三步远距离平均深度值均在98%以上。伦敦总深度值在90%上下浮动，最低为83%。柏林总深度值在85%~100%内上下浮动。巴塞罗那总深度值在68%~100%内上下浮动明显。巴黎总深度值在85%~100%内上下浮动明显。由于总深度值代表了道路的连接性，其值越小连接性越好，整个道路网络效率就越高。巴塞罗那的总深度值低至68%，是这四个城市里总深度值最低的，因此，与其他城市相比，巴塞罗那道路网络效率最高。

伦敦的集成度在0~20%。柏林的集成度在0~23%，呈缓慢上升的趋势。巴塞罗那集成度在0~23%范围内有明显浮动上升趋势。巴黎集成度在0~19%呈缓慢浮动上升的趋势。柏林和巴塞罗那的集成度基本一致，伦敦和巴黎的集成度基本一致，但柏林和巴塞罗那比伦敦和巴黎的峰值稍高2%~3%。

伦敦大本钟中心附近区域控制值和连接值在0~20%范围内缓慢上升。柏林国会大厦附近区域控制值和连接值在0~23%范围内缓慢上升。巴塞罗那圣家族大教堂附近区域控制值和连接值在0~23%范围内浮动上升。巴黎市卢浮宫附近区域控制值和连接值在0~19%范围内浮动上升。

因为连接值的定义表示了它是局部变量，代表了整个空间系统中与第i个空间相交的空间数。如果从视觉感知的角度来讲，它代表了某人站在每个空间内所能看到的临近空间的个数。也就是说，站在这四座城市空间中，能看到的空间节点数基本一致，在柏林和巴塞罗那的街道能看到的空间连接点仅比巴黎和伦敦多约3%。

3.4　城市视景特色的案例研究

20世纪70年代末到80年代初，牛津理工学院对城市设计进行了探讨，并最终以《建筑环境共鸣设计——城市设计师手册》（*Responsive*

Enviroments：A manual for urban designers，Bentley et al.，1985）作为其研究成果。该书中提到一个能引发共鸣的环境有 7 个关键点，即场所的渗透性、多样性、可识别性、场所蕴含的精神层次、合适的视觉特征及其对使用者个性的尊重等，并提到"只有在一个有条理的、可支持的物质框架中才能维持经济活力、社会稳定和环境健康的可持续发展"。城市视觉景观特色是一个城市风貌的主要体现，对城市的整体形象而言至关重要，本节将以布拉格为研究案例，旨在分析欧洲目前城市视觉景观特色的保护与更新的理念与措施。

3.4.1　视景特色案例研究综述

1992 年，根据文化遗产遴选标准 C（ii）（iv）（vi），捷克首都布拉格历史中心被列入《世界遗产名录》。世界遗产的申报和确立必须符合联合国教科文组织《保护世界文化与自然遗产公约》规定的六项标准：①被申请对象如果要被确立为世界文化遗产，则需要其代表某种独特的艺术成就或一种创造性的天才杰作；②被申请对象在一定时期内或世界某个文化区域内对古迹艺术和城市景观、建筑规划等产生过具有历史性的巨大作用；③被申请对象应该是能够为目前濒临灭绝的文化传统或已经消逝的文明给予一种独特的或特殊的历史见证；④被申请对象具备成为独特建筑、群体建筑或城市景观的卓越特质，能够代表人类历史上某段重要的城市发展历程；⑤被申请对象应该是能够代表传统人类生活的聚居地（表达一种人类与环境的相互作用关系），其在土地使用上能够起到突出表率作用，特别是在不可恢复性的变化作用下被认为是极其易被破坏的文化形式；⑥被申请对象能够与有明显价值的艺术作品、传统文化、信仰观点和文学作品等有着明显或本质上的关联。经过基于上述六点的详细审核后，布拉格被联合国教科文组织确立为首座世界级的文化遗产城市。布拉格所具有的美感是历史积淀而成的，城市空间有着令人着迷的场所魅力。它被誉为"童话城市"或"接近天堂的城市"，也是一座凝结中世纪理想的城市，它不但充满艺术气息，而且城市历史悠久。如图 3.32 所示，全城范围内仍然保持着中世纪样式的街道和城市形态，共有国家级重点保护历史文物两千多处，走在街上很容易就能找到 13 世纪的历史建筑，各种建筑类型云集，例如文艺复兴、巴洛克和罗马式等各种建筑类型都能在这座城市中找到。因此，布拉格还被称为"百塔之城"。

图 3.32　布拉格[44]

本研究采用实地考察的方法来保证一手资料的真实性和时效性，并结合布拉格城市规划部门提供的一手资料（捷克语版城建史料图集），采用诠释学的思维方式，运用眼动仪实验的技术方法，对布拉格历史保护区的视觉景观特色进行案例研究。

3.4.2　城市视景特色的分析思路

世界上没有两个城市是完全一样的，就好像没有两个人长得完全相同一样。城市是物质的，人对城市的认知是具体的。城市要满足人们的物质需求，同时也要满足人们审美、观赏等精神方面的需求，城市特色基本上属于精神方面的需要，但要通过物质建设予以体现。每个城市都"生长"在一定的自然环境之中，因此，人工环境与自然环境必须结合起来考虑或综合统筹。城市不同的自然环境（滨海、丘陵、森林、湖泊、湿地等）以及这些自然要素与人造要素之间不同的空间关系都是千变万化的，从而构成了不同的特色。伊利尔·沙里宁说："让我看看你的城市，我就能说出这个城市居民在文化上追求什么。"他主要的视点是城市的特色形态和组成城市形态的有形物的形式。人们对城市印象最深的就是这个城市特有的个性和魅力（主要指城市视觉特色）。城市特色主要表现在文物古迹特色（代表历史文化的内容和形式）、自然环境特色（城市的山、水、风景的特色风貌）、城市格局特色（城市规划思想）、城市轮廓景观及主要建筑和绿化空间的特色（入城方向、城市制高点景色及具有代表性的建筑物和建筑群体等）、建筑风格和城市风貌特色、城市物质和精神方面的特色（丰富多彩的文化艺术传统和特有的传统社会基础）六个方面[45]。

《简明城镇景观设计》（*The Concise Towncape*，1971）的作者戈登·卡伦（Gordon Cullen）的主要论点是，被放在一起观看的建筑可以给人"分开时不可能获得的视觉愉悦"。一栋独立的房子只能被当作建筑，但是，几栋建筑放在一起就可能形成"有别于建筑学的艺术"的一种关系艺术。卡伦的观点本质上是文脉主义的：每栋建筑物应该被视为较大整体的一部分贡献。他认为，城镇景观不能以技术方式来鉴赏，而需要美学敏感，虽然主要是知觉上的，但它同时也能唤起记忆的经验和情感反应，绝大多数的城镇建立在旧城的基础上，它们的框架显示出不同时代建筑风格的见证、"布局的意外"以及材料和比例的混合[36]。

景观的价值是多元的，主要有环境生态、社区参与和感官愉悦等方面的价值。也就是说，景观既是生物栖息地，又是依据人类需求所营造出来的环境创作（需求与艺术的结合）。考虑到城市景观的视觉空间特征也是具有等级层次划分的，作者尝试从以下三个层面研究城市物质空间视觉环境要素之间的关系。

（1）微观层面：建筑的形态造型与肌理——建筑形态特色。

（2）中观层面：城市街区的尺度与关系——视觉景观空间。

（3）宏观层面：城市空间的结构与框架——景观控制规划。

以下将按从微观到宏观的逻辑顺序，从建筑形态特色分析、视觉景观空间分析、景观控制规划分析三个方面层层解析布拉格城市的视觉景观特色和设计手法。

3.4.3　建筑形态特色分析

从微观层面上看，布拉格的建筑形态特色主要表现在建筑形态造型与肌理的本土文化根性的演化更新，重点体现为以下三点：历史建筑的多元化保护措施、现代建筑形式上的文脉继承、艺术作品中"童话城市"的精神延伸。

3.4.3.1　历史建筑的多元化保护措施

布拉格历史建筑与现代建筑随着时间的变化而不断发展，由图3.33可以看出城市建筑演化的进程。人们需要保持过去、现在和未来的时间关联性，有研究表明，这对于我们的行为和心理健康都具有积极意义。布拉格之所以成为既古老又现代的历久弥新的经典，关键是其把景观规划的重点放在了居住形态的整体保留上。因为不像其他的生物组织那样，人与其周围的关系是具有宽泛的、灵活的特色。（Boyden，1987）人类活动能够激起一种无意识的后果，除了无生命和生物生态的组成，还有一种健康和幸福的影响。

图3.33　进化中的布拉格建筑形式示意（从左至右，年代渐新）

布拉格政府经过调查和研究运用了一系列建筑更新的措施来保护原生态的城市建筑单体和建筑群体形成的聚落模式。居住是一个城市重要的功能体现，它是布拉格城市保护中不可替代的部分。布拉格政府长期的做法是居民区离闹市区有一定距离，但是确保人们仍然住在这里。城市研究者创造了保留传统居民住区、限制居民区转向多种商业使用功能的诸多条件。尤其是在制订城市计划的时候，政府增加了关于保护布拉格中心区房屋的款项。此外，功能使用区域研究在很多细节上也解决了城市中心区的问题和布拉格历史保护的问题。图3.34所示为布拉格历史保护建筑详细定位说明。布拉格1994年的历史保护城市研究方案是继1989年之后对城市保护问题的新解释。这一时期，关于历史性建筑的使用和保护的意图表达更清楚：它最初的目标是保护城市中心的居民聚集区。单独的房子和公寓的评估状况作为布拉格历史保护的一部分，体现了它们的历史和文化的价值。这说明对其进行保护并计划了每一栋房屋的保护类型、建筑编号和应该去除严重破损的部分等方面的工作，这样就形成了一个保护建筑自身多个阶段的评估价值基础。此外，这里还涉及一个回收再利用材料的问题。在新建建筑和恢复性项目中，木头、黏土和砖等（可循环材料）应该被可持续地使用，代替那些生物不可降解的合成材料。这种革新不仅有助于改善当地环境和保护人类聚集地，还能够促进当地旅游业的发展并为当地引入经济投资。

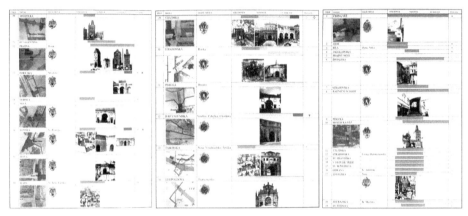

图 3.34　布拉格历史保护建筑详细定位图示意[46]

3.4.3.2　现代建筑形式上的文脉继承

克里斯蒂安·诺伯格 - 舒尔茨（Christian Nordberg-Schulz）曾说，如果事物变化太快了，历史就变得难以定性，因此人们需要一种相对稳定的场所体系。科林·罗（Colin Rowe）把城市中新与旧的结合叫作"拼贴"。图3.35 所示为位于布拉格河岸边上的布拉格尼德兰大厦，也称作"会跳舞的房子"。它面向伏尔塔瓦河，坐落于交通要道的转角处。在基地周围，中世纪、文艺复兴、巴洛克和新艺术运动时期的建筑云集于此，创作难度可见一斑。盖里采用双塔造型，一虚一实，象征男舞者和女舞者，男舞者直立坚实，女舞者流动透明、腰部收缩、上下向外倾斜，犹如衣裙，重点是其独特的转角处理，虽然建筑的形式特别，但在材料和门窗的尺度上与周围环境保持了某种一致，产生了似突兀又和谐共处的效果。由此可见，形式确实是负载全部建筑信息的媒介，在超整体的概念上或许可以谈论"反构"建筑，这里的"反"是时间层面上的，即现在的一切由未来的回望决定。不过也不能把时间机器作为概念，而应该保存一切历史资料到未来的每时每刻，即将其表述为一种科学建筑的表达和实现方式。威格利在评《反构成主义建筑》中写道："产生这些设计的反构成形式，能搅乱我们对形式的思考。它是从传统中涌现的，绝对不是在'解构'模式中得来的，自然也不会是对解构理论的应用，只是刚好显示出了某种解构的特性。"

图 3.35　盖里设计的"会跳舞的房子"

3.4.3.3　艺术品中"童话城市"的精神延伸

布拉格的童话气息弥漫了整个城市，但对于现代建筑而言，不应该只是模仿和重塑，而应该是能从本质上体会和发掘"童话城市"的内涵和人类的灵性增长体验。例如，布拉格山上耸立着的婴儿电视塔。如图 3.36 所示，这是一件具有暗喻逻辑的作品，并且与古城堡遥相辉映。其表现为婴儿在电视塔上攀爬，一种装置艺术呈现出了童话气息，似乎在这里没有什么是不可能的，你的任何想法都会实现。在布拉格，你将童心永在，这种永续生命的美感是生态的，也是人性的。此刻，环境和生态结合的美反映在感官上，人们通过感知这样的艺术，让心灵与城市进行着不断的交流。换句话说，这件作品也反映了人内心的超越性追求——什么是"我们真正的自我"？其实，我们真正的自我是一种超越性需要。在寻求达到自我实现层面的过程中，马斯洛提出了这种"超越性需要"的关键概念，他认为，我们都具有一种"超越性需要"，这种"超越性需要"具有类本能的特性，也就是说，我们身上都存在着一种内在精神的需要，这种精神需要是宇宙生命在人自身上的外化体现。这就反映了对什么是我们真正内在的自我和我们的本质是需要什么等问题答案的追溯。

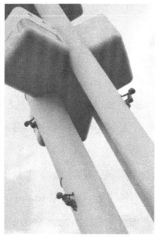

图 3.36　婴儿电视塔

我们是普遍的也是超越自然的生命体。鲁道夫（Rudolf Eucken）认为，我们对生活之所以会感到不安，是因为在我们每个人的生命本质上都有着一种寻求意义的内在冲动。外在的生活如果不能够满足我们的需求，那么就一定是因为我们想要的有深度的生活在现实环境中是无法达到的。婴儿在电视塔上攀爬，这种装置艺术充满了童话气息，但这在现实世界中是不可能发生的，婴儿的比例是放大的，而其逻辑上所具有的向上寻求自由和理想的天真愿望却是现实的，是人们内心境界追求的抽象化形式的再现。用梅洛 - 庞蒂在《眼与心》中的话来说，艺术超越了现实，并给予了以那种世俗眼光所无法看见的东西一种实现的可能性。艺术作品和视觉具有自身内在的暗喻逻辑，人们通过对作品的视觉感知能够将知觉转化为内在的精神体验。这时，艺术形态、现实知觉和人类世界才是一种本真融合的状态。因为艺术传达了生活中不存在但是人们内心所寻求的东西，这种东西一直作用于人的心灵深处，并提醒我们始终不能失去对童真的渴望。设计师在这里借用艺术实现了从"不可见"到"可见"，从"可见"到"不可见"的双重转换，它的价值在本质上是由人的超越性需求所驱动的。这也反映在大自然中，当艺术激发了心灵的自由想象时，自然和艺术便成了一种对话的整体，人与场地产生对话是叙述产生意义的结果，它给出了生命深度的部分诠释。

3.4.4　视觉景观空间分析

本节将从区域、轴线和节点三个角度分析视觉空间体验。

3.4.4.1　区域分析

走在布拉格的街头，就像穿行在一个巨大的建筑博物馆里。不同的是，那不只是仅供展示的古物，而是让人使用、居住和生活在其中的艺术体验。布拉格城市中心区特色景点如图 3.37 所示：①布拉格城堡（Prague castle）；②布拉格马拉斯特拉纳区（Mala Strana，Praha）；③老城中心广场区（Old Town Square）；④查尔斯桥（Charles bridge）；⑤切赫桥（Cech Bridge）；⑥布拉格电视塔（Prague TV tower）；⑦国家博物馆（National Museum）；⑧"会跳舞的房子"（Dancing house）。上述八个主要景点是具有布拉格历史中心区城市地标性质的场所。布拉格的建筑艺术作品创造出了一种历史记忆的衰减，城市景观的审美气质能够通过一个多维度的联觉被感受和被理解。

3.4.4.2　轴线分析

街道是两侧建筑相对而立围合而成的线性三维空间。城市的广场的形态和围合特征一般是静态的，而街道使人们有一种快速的动态感觉体验，蜿蜒的临街道路形式能够增加空间的围合感，而且使得运动中的观察者有一种不断变换的视角体验，这符合并满足了人们对于空间神秘感的需求和探求未知空间的欲望。很多评论家，例如西特（Sitte）和卡伦（Cullen）都发表评论表达对街道能给予人不断变换视角感知的喜爱。同时，两位学者也认为目前笔直的街道较多是因为它们在设计之初并没有考虑到环境与城市地形的视觉景观感受，也忽略了当地自然和历史文脉潜在的视觉愉悦和趣味性等视觉特征[55]。

①布拉格城堡

②布拉格马拉斯特拉纳区

③老城中心广场区

④查尔斯桥

⑤切赫桥

⑥布拉格电视塔

⑦国家博物馆

⑧"会跳舞的房子"

图 3.37　布拉格中心区主要建筑物区位环境示意

注：红色区域为布拉格历史保护区的边界，黄色是最新的城市历史保护研究方案区域，紫色虚线部分为核心景观范围。

图 3.38 绘制的是图 3.37 所示的紫色虚线区域内来往人群最密集的一条景观轴线感知印象简图，从右至左依主要景观点顺序为老城中心广场经查尔斯桥到马拉斯特拉纳区沿线城市景观感知印象序列示意图。从该图可以看出视觉秩序上的感知变化，图中黄色部分是地区内人流量最大的交通流线之一。可以看到路网都保留了旧城的历史遗存，形态上有机变化，街区亲切且尺度不大，即城市是"生成的"，不是"建成的"。从图底关系上还可以看出连续合理的密集居住区围绕在老城广场周围，空间形成了"公共""半公共""私有领域"共存过渡的序列感，空间布局多元化，在围合尺度、视觉质感和空间层次等方面不断发生着感知上的微妙变化。伴随着地势由低到

高，行进中穿越水系，通过阶梯和缓台到达山顶，视线经历了从限制到开阔的感知体验。交通工具有马车和仿古老爷车等历史场景道具的重现，沿线的艺术雕塑作品不胜枚举，现代的游人在场所中很容易产生历史穿越感，人与景物共同构成了一种历史与现代和谐交织的场景。

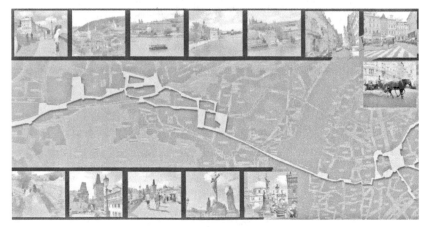

图3.38　布拉格中心城市景观感知印象序列简图

3.4.4.3　节点分析

节点一般最能体现城市景观的空间品质和空间属性。城市景观的效果和内涵集中体现在节点的设计上。

从广义上说，城市景观由建筑物、城市结构以及街景的所有其他因素（树、水、交通等）交织在一起，可以用戈登·卡伦的话来概括：视觉的戏剧性被释放出来了。

1. 最吸引人的节点及其特性

视觉总是找最具有特色的景物。形态、方向和颜色对比明显或突出的景物容易引起被试者的视觉持续关注。此外，人们愿意持续关注复杂度高的、位置相对突出的景物（见图3.39～图3.44，这些图中的数据利用哈尔滨工业大学环境行为研究所提供的眼动仪测试分析得出）。如图3.39和图3.41所示，被试者更愿意看建筑的穹顶、立面的中心线、街道的尽头、商店门面的中心靠上位置。

在图3.40中，与建筑或景观相比，被试者更愿意关注人（尤其是人脸的部位会得到更持久的关注）。

图 3.39　布拉格中心区景观图与眼动仪热度图对比示意一

图 3.40　布拉格中心区景观图与眼动仪热度对比示意二

图 3.41　布拉格中心区景观图与眼动仪热度对比示意三

图 3.42 布拉格中心区景观图与眼动仪热度对比示意四

图 3.43　布拉格中心区景观图与眼动仪热度对比示意五

布拉格老城区景观示意图

布拉格老城区景观视觉热度图（55位视力正常被试者通过眼动仪测试以上得出统计数据热度图）

图 3.44　布拉格中心区景观图与眼动仪热度对比示意图

2. 被持续关注的决定因素

如果整个画面只有一个特殊点并且很突出，无论它在哪个位置都会得到最长的被关注时间。

如果整个画面都是特殊点，那么只有位于中心位置的特殊点才会得到更长的持续关注时间。其原因可能是，既然都是特殊点，便相当于没有特殊点，那么人们倾向于找最容易看到的点，即位于视线中心的点，不必要转头或转动眼球。

3. 关注点的个数

一个画面中最多不会超过 4 个关注点，一般为 1～2 个（无论是广角还是微距）。通过对以上数据的分析，可以得出视觉景观设计需要注意的要点结论。

4. 视觉景观设计要点

（1）一个画面（即立面图或透视图）不能有太多关注点，人一般接受 2 个关注点左右，2 个或 1 个关注点较为普遍。就设计价值而言，超出 4 个关注点就会引起人的视觉疲劳，不能专注。

（2）同理，关注点应该具备特殊和对比的效果呈现，无论是色彩、形态还是方向，其中任意一个要素或两个要素的组合形成特殊对比点都可以使之成为视觉持续关注点。不过，这一关注点的设计必须精细和考究，这样才能获得持续关注。

（3）人更愿意关注人，在设计景观时应该更多地考虑人停留的便捷，应该努力营造人性的空间氛围，比如通过购物、表演和餐饮等方式吸引游客。如果是雕塑设计，必须对人脸给予更多的细部刻画，因为脸部位置更能满足人的视觉需求。

（4）建筑的穹顶与立面的中线是最容易引起人视觉关注的点，应该在设计之初有重点地构思这两部分的深化方案。

（5）视觉的愉悦度、舒适度与视线位置有关。因此，人们的视线所聚集的地方是最具有价值的设计点（比如对景）。

3.4.5　景观控制规划分析

古希腊哲学家泰勒斯提出水是万物的本原，"水生万物，万物复归于水"。布拉格中央起伏的地景被自然水系浓缩成了一个特别的形态。如图3.45 所示，沿着伏尔塔瓦河的大凹部，山丘和河流蜿蜒其中，山和水是相对互补的力量，这也决定了它们是都市聚落形成的先天条件。因为它们满足了中世纪早期城市的三个基本需求，即位于平原上的市场场所；利于防护的城堡山丘；适于商业的浅滩。人类栖息地本身具有一种保证实现栖息地自然景观的独特审美，体现文化和生态相结合的特征。这不仅是关于老建筑的再利用问题和新旧建筑的协调问题，为了修复和再利用独栋建筑，人们需要从整体人类生态学上进行思想转变，对历史的模式和原型进行思考。城市应该具有一种快乐和安全、可持续发展的能力。景观系统规划使得在平原上布拉格城市历史中心区的密集建筑聚落和山上的主宰性城堡具有了同类型但兼具多样性的特征，而且这种特征得到了代代相传的诠释和强化。以下将简述布拉格城市历史中心区宏观层面的十项主要景观控制措施。

图 3.45　布拉格历史保护区景观整体环境鸟瞰图[46]

3.4.5.1　历史保护区缓冲系统

人类文化聚集地的特征使城市政策决策者、社会科学家和专业设计者需要使用一系列相互补充的方法来收集信息和数据。图 3.46 所示为布拉格历史保护区空间缓冲系统图，以城市中心区 0.5 km、1.0 km、1.5 km、2.0 km、2.5 km、5.0 km 界定了具体的保护范围和距离。布拉格历史保护区的空间缓冲区的价值在于它对空间内容的保护。缓冲区范围相当大，在每个区域范围内都需要详细定义保护和评估的具体客体。与城市发展地区形态相联系的内容具有重要的作用，它决定了一些视角范围内的景观如何被欣赏，其中观察的距离是很重要的标准，范围从几百米到几米不等，总之，一系列基于整体人类集聚地的生态文化视野的措施将用于布拉格未来的建设中。

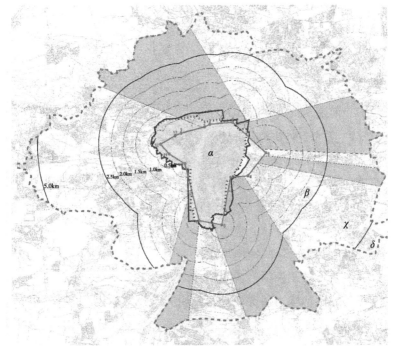

图 3.46 布拉格历史保护区空间缓冲系统图[46]

3.4.5.2 空间使用的规划系统

空间使用的规划原则是基于历史遗迹保护的基本情况而言的。布拉格空间使用的规划系统如图 3.47 所示，在大部分地区，已经达到了空间的最大使用率，空间定义了城市结构。在整个区域内，仅有 21 个地区有建议发展的可能。

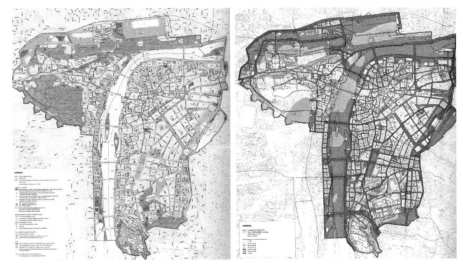

图3.47　布拉格空间使用的规划系统[46]　图3.48　布拉格河流水道防洪疏导系统[46]

3.4.5.3　河流水道防洪疏导系统

布拉格河流水道防洪疏导系统如图3.48所示。布拉格地区的特点是以水（即河流、小溪）为心，最重要的水道是在布拉格地区的伏尔塔瓦河上，它的流线决定了历史中心区的布局。伏尔塔瓦山谷及其几个岛屿也是地区生态稳定系统的一部分。然而，这里也有发生洪水的危险。1890年的洪水灾害研究给出了洪水数据的标识。它也给出了一些成组的洪水片区图和一些防范洪水或使洪水危险最小化的措施草案。

3.4.5.4　空气检测评估系统

空气质量的评估模型研究：污染的研究图形根据污染的来源绘制。氮氧化物在不久的将来有可能成为最大的污染源，平均的污染中心图形显示了更多的污染地区就在繁忙的街道、主要的汇合点和交通入口。这样的地理位置通常超出了排放的限制，被关注点面积仅仅占布拉格历史保护区的1%。

3.4.5.5　地下空间保护系统

地下空间保护区内包括城市历史遗迹。布拉格的地下空间是被严格限制开发和使用的。这里有很多重要的被考古部门划出的考古地点，而这些考古部门得到了布拉格历史遗产基金会的资助。由于在这些地点存在一种破坏城市生活的危险，因此，所有的道路建设都不得不在考虑地下空间地点的基础上讨论商议。

3.4.5.6　建筑景观历史保护系统

关于历史性建筑的使用和保护如图 3.49 所示。同类型的单元使得每个布拉格历史保护建筑具有多样性的特征，一系列的规定是在一定的可改变的基础上被制定出来的。这种评估不仅考虑到了单独的历史建筑，还考虑到了通常的景观画面效果。这样整个组织根据这些独特的案例进行保护，与从某种先前建立的一致的景观视角进行保护有所区别。

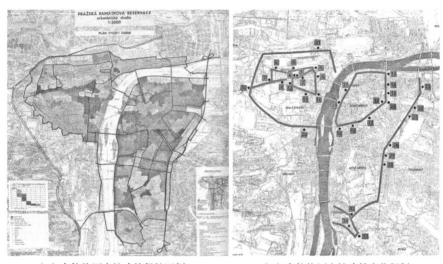

（a）布拉格历史性建筑保护区划　　　　（b）布拉格历史性建筑定位规划

图 3.49　布拉格历史性建筑保护区划和定位规划[44]

3.4.5.7　屋顶景观规划系统

屋顶景观形成了一个城市地区的标志，它的特点不是一致的，因为它的形式是多变的。虽然屋顶景观能够被作为一个价值保护整体来考虑，但是在形式和材料上依旧呈现出很多不同的地区特色。因此，这个地区的城市工程项目也具有高标准的可变性，但在很多地区，仅仅允许一点点的调整。

3.4.5.8　功能使用区域系统

功能使用区域系统的研究是在被认可的城市计划的基础上进行的。功能使用区域的项目在很多细节上解决了城市中心区的问题和布拉格历史保护的问题。它代表了当前建立的政府体制。换言之，这一区域包括捷克总统的府邸、议会，还有国外大使馆、大学、剧场、医院等，以及围绕维斯拉斯广场繁忙的区域。然而，工程也加大了对更多居民区域的重点投入，以便在城市中心区维护完整的居民生活状况。

3.4.5.9　传统居民住区保持系统

居住是一个城市重要的功能要素，也是布拉格城市保护中不可替代的部分。尽管长期的做法是居民区离闹市区保持一定距离，但是人们仍然居住在这里。城市研究提供了保持传统居民住区的可能性，限制了居民区转向多种商业使用功能。尤其是制订城市计划的时候，政府提高并保护了布拉格中心区的房屋基金。

3.4.5.10　可持续的历史保护区边界系统

原则上说，人和环境所具有的相互关系不只是空间上的，还是生物和文化上的。这些关系不是静止的，而是在相对较短或较长的时间段内不断变化着的。发展中的城市的边界系统不应该是死板的，而应该是适时变化以适应新的需求的。如图 3.50 所示，城市可持续的历史保护区边界系统界定了发展中城市的保护边界，适应了新的城市发展要求。在这种可持续历史保护区边界系统的保护下，城市居住区体现出的整体性值得借鉴。

图 3.50　布拉格市区全景

综上所述，我们可以看出宏观景观区划的控制解决渠道往往还需要结合生态学、经济学和管理学的技术与方法来实现。另外，需要强调的是，保持当地居民原有的生活状态和限制与其相关的商业活动是历史保护区的关键举措。总之，景观是一个活的整体，我们要考虑时空的延续性，即景观是共同生活出来的。如果没有了原居民的生动生活，景观就会变得不够完整。完美的景观能让人对当地景观及文化产生骄傲与认同的感觉，表现出一种自然景观的独特审美、文化与生态相结合的特征。因此，如何在全球化的趋势下营造具有地区特色的景观是每个城市都要面临的问题。

3.5　本章小结

城市是一个复杂多样的有机综合体。城市研究具有社会科学的性质，它采用的基本方法是社会调查法。因此，本章主要采用实地考察的方法，并结合软件模拟和眼动仪实验等技术手段进行欧洲城市视景感知体验的研究。

本章主要内容有三项：

（1）解决视觉认知的理念问题。在马斯洛的需要层次理论和维尔伯的意识谱理论的基础上，作者结合威尼斯实地调研和文献调查等方法，得出视觉景观感知的金字塔层级模式并用视觉感知理念的逻辑秩序图阐释了该模式的核心观点。如图 3.7 所示：A 阶段为视觉尺度感知体验，B 阶段为视觉秩序感知体验，C 阶段为视觉动态感知体验，D 阶段为城市意象体验，E 阶段为视觉感知的美学评价。它们的关系遵从金字塔形的体验顺序，由低层体验到中层体验，再到高层体验。其中每个阶段都有子类属划分：视觉尺度感知体验分为亲密尺度、个人尺度、社会尺度和公共尺度等；视觉秩序感知体验中包含景观中景物的颜色、方向、大小和距离；视觉动态感知体验中包含人行模式和车行模式；城市意象体验中有路径、区域、边缘、节点和地标；视觉感知的美学评价中包含了节奏、平衡与和谐等基础形式美学上的体验与高级精神层次上的美学感知体验。

（2）探索欧洲城市视觉感知差异问题。在西欧（英国和法国）、中欧（捷克和德国）和南欧（意大利和西班牙），利用 UCL 空间句法实验室的软件资源对伦敦、巴黎、布拉格、柏林、威尼斯和巴塞罗那六个城市中心区域进行空间连接度、控制度和集成度的分析对比，得出六座城市之间存在的空间和轴线的视觉感知差异：①布拉格历史保护中心区域和威尼斯圣马可广场附近区域的轴线分析统计数值相似度极高；②伦敦大本钟中心附近区域、柏林国会大厦附近区域、巴塞罗那圣家族大教堂附近区域和巴黎市卢浮宫附近区域相似度较高。但是，城市之间的视觉感知的细微差异仍然存在。

（3）布拉格历史中心区的视景特色的案例研究。在对布拉格城市历史保护区进行实地考察，结合翻译捷克语版城建史料的基础上，对 54 个被试者进行眼动实验，研究城市景观视觉特色的保护更新案例。从微观层面上概述了布拉格历史建筑的保护更新手段、现代建筑形式的文脉继承手法和艺术作品中对"童话城市"精神延伸的创作理念；从中观层面上论述了城市主要景观区域、主要轴线和主要节点空间的视觉感知和空间体验，其中通过景观节点的眼动仪测试探索了城市景观节点中能够获得人们长时间瞳孔注视的眼动规律，这一发现有利于城市设计或景观设计领域的设计实践；从宏观层面上论述了城市景观空间结构规划框架所包含的十种控制性措施。综上所述，通过从微观到宏观三个层面的系统分析，世界级文化遗产城市布拉格历史保护区中值得借鉴的保护更新理念、设计手法和控制措施能够为我国城市景观视景特色的保护更新提供案例参考。

第 4 章

当代欧洲城市的声景感知体验研究

本章内容为欧洲城市声景感知体验相关研究。首先，本章采用调查问卷与访谈记录的形式，利用扎根理论的编码程序进行分析，得出声景感知体验的理念构成。其次，利用社会统计学软件 SPSS（16.0）中独立 t 检验与相关分析的方法分析声景感知细节体验的主体差异。最后，结合谢菲尔德城市声环境案例进行欧洲城市声景特色与声景资源保护指标的定性和定量研究。

4.1　城市声景感知研究方法的应用

城市声景感知研究主要运用声景调查结构访谈、扎根理论程序分析和社会学统计分析的方法。样本选择为英国中部城市谢菲尔德，是一座拥有多元文化的城市。谢菲尔德不像伦敦、柏林和巴黎属于大型政治或金融中心等特殊类型的城市，城市级别适中，其声景的代表性和典型性可以作为普遍性的欧洲城市声景研究样本。

4.1.1　结构访谈在城市声景抽样调查中的应用

本研究以谢菲尔德城市区域内常住居民为调查对象，以谢菲尔德城市中心区为主要调查地点，其中主要有千禧广场（Millenium Square）、和平花园（Peace Gardens）城市区、火车站广场（Railway Station Square）城市区、谢菲尔德哈勒姆大学（Sheffield Hallam University）街区等 52 个调研点。图 4.1 所示为谢菲尔德市政厅（Sheffield City Hall）、和平花园、克鲁克斯公园（Crookes Velley Park）和谢菲尔德火车站广场四个具有代表性的城市环境节点现状照片和区域位置图。

研究选用实地调研访谈的形式，选择谢菲尔德城市区域居民为基本样本来源。图 4.2 所示为样本采集地点定位分析图，图中黄色部分是主要采集定位点，蓝色部分为次要采集定位点。

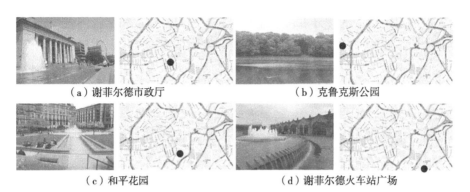

（a）谢菲尔德市政厅 （b）克鲁克斯公园

（c）和平花园 （d）谢菲尔德火车站广场

图 4.1 谢菲尔德城市调研区域内具有代表性的城市环境节点现状照片和区域位置

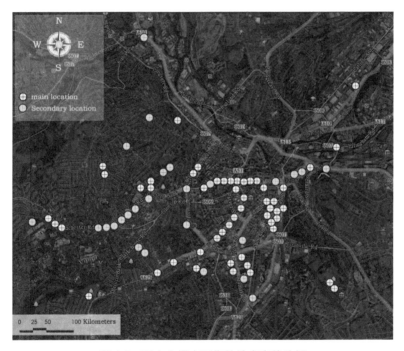

图 4.2 研究中样本采集的地点定位分析

本研究采用深入访谈的调查方式，运用街道式抽样访谈、家庭式深入访谈、办公环境访谈，三种方法，目的是寻找有代表性的被访者。整个调查过程被访时间为 30～120 分钟。问卷从开放式问题开始，例如，"对比童年和现在，你感觉什么声音丢失了？""城市中你最希望保留的声音是什么"，逐渐进入声感知细节的评分上，例如声安静度、声舒适度和声吵闹度等方面的数值评价。此外，包含对城市声景意向的主观调查记录。研究目的是明确当地人对城市区域内声特色的体验，收集地区声景历史与未来声环境发展性的建议。问卷从问题类型上设计成客观封闭性问题和主观开放性问题。利用社会学软件 SPSS 分析统计，其结果表明样本具有均衡的男女比例和均匀的年龄分布。定量调查部分通过统计软件进行数据整理分析。

4.1.1.1　街道式抽样访谈

在一定数量的开放空间和城市主干道中心路段随机抽取被访者，由于问卷题量较大，访谈时间长度最短的也不少于 30 分钟，因此深入访谈采取的方式多是在咖啡馆和花园休息区进行。其中，32 位访谈者成功完成了声景主观理解深入访谈的调查问卷（问卷见附录 2）。

4.1.1.2　家庭式深入访谈

城市声景历史的问题研究需要被访者出生在谢菲尔德并且年龄在 60～70 岁，在城市的敬老院和当地的老年人护理院内方便寻找符合这些条件的对象。虽然符合家庭式访谈条件的对象人数很多，但是由于回答问题的前提是老年人对此问题感兴趣，而且老年人要在其听力和理解力无障碍的前提下才能成功完成全部问卷，因此这部分有效问卷总计 11 份。

4.1.1.3　办公环境访谈

声景理解调查的对象应该顾及工作人员群体，因此在大学图书馆、医院和银行内的工作人员被列入一定访谈数量，该类访谈成功完成问卷 10 份。

每一个问卷访谈的时间为 30～120 分钟不等，每个样本的访谈时间平均为 60 分钟。年龄分布和性别达到了均衡配比。

4.1.2　扎根理论程序分析在声景理念生成中的应用

定性调查部分选择社会学中经常用到的质性研究方法之一——扎根理论——作为基础资料的收集和分析手段，这种方法是由美国的两位学者［哥伦比亚大学安塞尔姆·施特劳斯（Anselm Strauss）教授和芝加哥大学的巴尼·格拉洋（Barney Glaser）教授］合作研究共同得出的一种基于社会学调查分析的研究方法[47]。它是一种定性的研究方式（或质性研究方式），其核心是在所采集到的调研文字或调研数据的资料基础上建立理论的过程

（Strauss，1987：5），也是运用系统化的程序（在对资料进行分析时）将从资料中初步生成的理论作为下一步资料抽样的标准，包括选择资料、设码、建立编码和归档系统等步骤[48]，本章将就部分基于扎根理论研究的初步访谈结果展开论述。

此次研究选用的扎根理论数据采集规则是有目的地选择对研究核心问题的理解有帮助的样本（Creswell，2003）。

扎根理论的多步骤分析技术是在格拉洋（1992）、切斯勒（Chesler，1987）和施特劳斯和科尔宾（Strauss and Corbin，1990）研究成果的基础上总结出声景的理论生成过程（见图4.3）。

（1）开放译码：强调文本中关于主观声景的理解关键词，对文本进行译码。

（2）重申关键词：阅读有关文本中的关键词或短语是为了鉴别重复的词和主要的短语，例如一些关于技术和人工声的不断重复的词语将被鉴别。

（3）简化短语：编码被聚集和简化。

（4）概念化：过程包括提出问题、对比和链接理论取样、提升短语到概念。例如，它们之间的逻辑是什么？什么是这些短语里最重要的？最后，不断地对比这些概念和在初始结果的推理下进一步提出问题。

（5）类属化：相似的概念被归为一组或几组，作为进一步发展类属的基础。例如，关于声景历史的问题由老年人回答并解释，应该作为一组类属，而其他的问题应该被归为其他类属。

（6）鉴别子类属：子类属的属性和特性被按照逻辑归类鉴别。

（7）类属的连接。

（8）一体化理论。

（9）发现核心类属。例如，对声景的定义是核心范畴，其他类属的关系围绕这个核心展开。

（10）实体化理论。

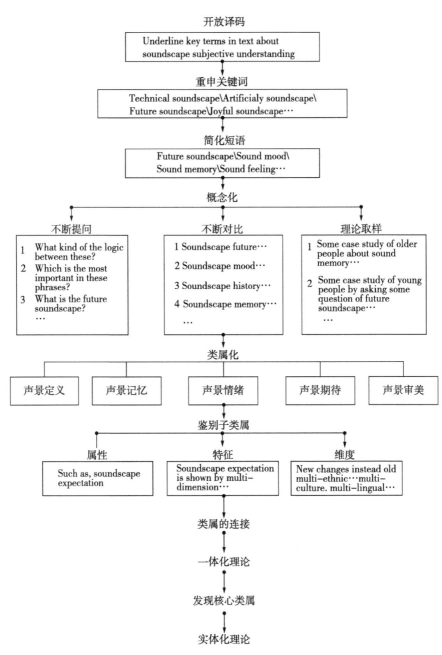

图 4.3　声景研究中所运用的扎根理论分析流程

　　本研究基于扎根理论，主要分析过程可概括为开放译码（见表 4.1）、轴心译码和选择译码程序（见表 4.2）。数据被打散成为不连续的概念、事件和行为。每一个现象都相关于对声景的公众态度。开放译码的过程是以扎根于数据本身的方式发展主题（Strauss & Corbin，1998b），如表 4.1 所示，从资料备忘录中贴标签，然后概念化，这是一个在鉴别现象的基础上做对比和相似分析的初始化过程。这个过程包括分解、检验、对比和概念化数据。例如，一些被贴标签的关于将来声景描述的句子，如表内所示经过概念化过程，四项（a1、a5、a9、a16）被归为一项（aa1），这是关于将来声景描述的数据。通过贴标签，备忘录中的数据项目被概念化，从 218 项减少到 200项。在一定程度上，经过开放译码，概念一步步变得清晰。

表 4.1　开放译码示意

备忘录	初始码	
	贴标签	概念化
问题：根据您的理解，将来的声音是什么样子？请您描述一下。 1. 未来声音会趋向平和。 2. 交通声会降为电子声。 3. 将来声音是自然声。 4. 媒体音发展需要新音乐取代旧音乐。 5. 声音糟糕得就如同建筑工地的声音在持续一样。 6. 将来的声音混杂着环境中的悠闲声、人声和音乐声。 ……	a1 未来声音会趋向平和。 a2 交通声会降为电子声。 a3 将来声音会趋向于自然声。 a4 媒体音发展需要新音乐取代旧音乐。 a5 将来的声音将会是安静的。 a6 声音糟糕得就如同建筑工地的声音在持续一样。 a7 将来的声音混杂着悠闲声。 a8 将来的声音是环境中的音乐声。 a9 将来的声音希望是安静的、少交通噪声的。 ……	aa1 将来的声音希望是安静的、少交通噪声的。（a1、a5、a9、a16） aa2 交通声会降为电子声。（a2） aa3 未来的声是自然声（自然的河流、鸟叫声、瀑布、钟声、安静声）。（a3、a17、a18） aa4 媒体音发展需要新音乐取代旧音乐。（a4） aa5 声音糟糕得就如同建筑工地的声音在持续一样。（a6） aa6 环境中混杂着休闲声。（a7） aa7 环境中的音乐声。（a8、a17、a21） ……
总项数 / 项	218	200

　　注：开放译码表显示了从备忘录原始资料、备忘录贴标签到资料的归类概念化的过程。它是拆解、审查、对比和概念化数据资料的一系列过程。在经过概念化备忘录这一过程之后，备忘录在数量上表现为从 218 项减少到 200 项。

表 4.2 轴心译码与选择译码程序

贴标签的数据	概念化数据	类属化数据	分类	子类属
问题：根据您的理解，将来的声音是什么样子？请您描述一下。 a1 未来声音会趋向平和。 a2 交通声会降为电子声。 a3 将来声音会趋向于自然声。 a4 媒体音发展需要新音乐取代旧音乐。 a5 将来的声音将会是安静的。 a6 声音糟糕得就如同建筑工地的声音在持续一样。 a7 将来的声音混杂着悠闲声。 a8 将来的声音是环境中的音乐声。 a9 将来的声音希望是安静的、少交通噪声的。 ……	aa1 将来的声音希望是安静的、少交通噪声的。（a1、a5、a9、a16） aa2 交通声会降为电子声。（a2） aa3 未来的声音是自然声（自然的河流、鸟叫声、瀑布、钟声、安静声）。（a3、a17、a18） aa4 媒体音发展需要新音乐取代旧音乐。（a4） aa5 声音糟糕得就如同建筑工地的声音在持续一样。（a6） aa6 环境中混杂着休闲声。（a7） aa7 环境中的音乐声。（a8、a17、a21） aa8 在 20 世纪 50 年代到 70 年代，这里的声音是单文化和单语言环境（谢菲尔德口音）的声音。（a10） ……	A1 将来的声音希望是安静而少交通噪声的，将来的声音是自然声（自然的河流、鸟叫声、瀑布、钟声和安静声）。（aa1、aa3） A2 交通声会降为电子声。（aa2） A3 媒体音发展需要新音乐取代旧音乐。（aa4） A4 声音糟糕得就如同建筑工地的声音在持续一样。（aa5） A5 环境中混杂着休闲声。（aa6） A6 环境中的音乐声。（aa7） A7 现在：多种族、多文化、多语言的现象会越来越普及，这可能是未来的发展趋势之一。（aa9） ……	AA1 声景定义 AA2 声景记忆 AA3 声景情绪 AA4 声景期待 AA5 声景审美	AA1 声景定义 a. 声景是一种行为。 b. 声景是一种想象。 c. 声景是一种触觉。 d. 声景是一种情景再现。 AA2 声景记忆 a. 积极的记忆。 b. 特殊的记忆。 c. 消极的记忆。 AA3 声景感知：喜悦、生气、悲伤、失望、害怕。 AA4 声景期待 a. 自然、安静带些休闲声。 b. 多种族、多文化、多语言 c. 旧事物被替换和改变。 d. 安静的、简单的、包含着很多平和和愉悦的信息。 e. 更多电子声（像舒适的技术音）。 AA5 声景审美 a. 未来的声景。 b. 现在的声景。 c. 过去的声景。 ……
218 项	200 项	166 项	5 项	

注：本表显示了开放译码、轴心译码和选择译码的整个过程。在初始译码的过程中，被贴标签的数据是 218 项，概念化数据有 200 项，类属化数据有 166 项，最后形成 5 种类属模式，相应的子类属维度内容如表所示。

　　轴心译码与开放译码是同时进行的。在分析过程中，数据被打散成为概念和类属，然后由轴心译码归类。在译码过程中，若某一个现象被两个或更多的回答者提及多次，那么一个概念就得以形成。如表 4.2 所示，200 个初始概念是无组织地被拆解的。下一步就是基于它们相似或对比的原则，聚集这些概念到一个类属范围内。例如，在概念化数据过程中，概念 aa1 和 aa3 被聚集为一个类属 A1。当轴心译码时，关键在于发现类属是如何联系和交叉作用的。例如，A1、A3、A5 和 A6 的关系相似，所以它们被分派到一个类属并被贴上标签——声景期待。

　　一旦被发展出的类属浮现出来，选择译码就开始了，选择译码的生成过程的核心是选择核心类属和彼此相关的主要类属。通过这个过程，5 个主要的范畴被生成。如表 4.2 所示，声景定义（soundscape definition，AA1）是核心类属；另外一些主要类属是声景记忆（soundscape memory，AA2）、声景情绪（soundscape sentiment，AA3）和声景期待（soundscape expectation，AA4）。它们之间的关系是从过去到未来的时间顺序。回答者关于潜意识的声景意识的回答被归类为声景审美（soundscape aesthetics，AA5）。最后，子类属的特征和属性沿着一定的空间维度被确认和鉴别。这些主要类属的属性和特征将在后续章节详细论述。

　　通过表 4.2，访谈结论的类属涌现，并经过选择译码被鉴别如下：

　　（1）声景定义（soundscape definition，AA1）。

　　（2）声景记忆（soundscape memory，AA2）。

　　（3）声景情绪（soundscape sentiment，AA3）。

　　（4）声景期待（soundscape expectation，AA4）。

　　（5）声景审美（soundscape aesthetics，AA5）。

4.1.3　社会学统计分析方法在样本数据分析中的应用

　　SPSS 是统计产品与服务解决方案（Statistical Product and Service Solutions）的简称，包含一系列用于统计学分析运算、数据挖掘、预测分析和决策支持任务的软件产品及相关服务。1968 年，美国斯坦福大学的 3 位研究生开发出最早的 SPSS 软件，当时主要面向中小型计算机和企业用户，产品统称 SPSSx 版。1975 年，SPSS 公司在芝加哥成立。1984 年，SPSS 公司首先推出了世界上第一个可以在 DOS 上运行的统计分析软件的 PC 版本，即 SPSS/PC+ 版。后来又相继推出了适用于 Windows 和 Mac OS X 等操作系统的版本，并不断扩展软件的相关服务功能，形成了目前 SPSS 的基本面貌。2008 年 9 月 15 日，SPSS 17.0 for Windows 版发布。此后发布的，SPSS 18.0 由 17 个功能模组组成。

作者主要运用 SPSS 16.0 软件进行了被访者性别和年龄匹配对比、性别对声感知的差异对比和声景特色的定量评价，具体成果见 4.3 节和 4.4 节。如图 4.4 运用 SPSS 16.0 软件研究了 53 名被访者的性别比例和年龄情况样本。

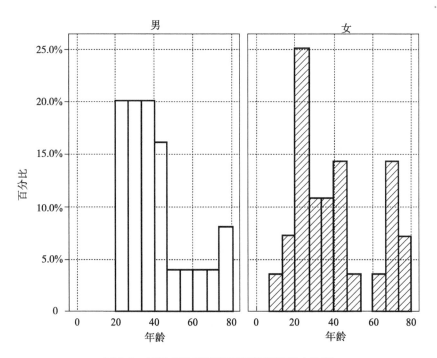

图 4.4　被访者性别比例和年龄情况样本分析

4.2 城市声景感知体验的理念构成

乔治·贝克莱（George Berkeley，1685—1753 年）是 18 世纪英国伟大的经验主义哲学家之一，于 1713 年出版了《希勒斯与斐洛诺斯的三篇对话》（*The Three Dialogues Between Hylas and Philonous*）。其中一些对话摘录如下：

Phil：Then as to sounds, what must we think of them, are they accidents really inherent in external bodies or not?

Hyl：That they inhere not in the sonorous bodies is plain from hence; because a bell struck in the exhausted receiver of an air-pump sends forth no sound. The air, therefore, must be thought the subject of sound. It is this very motion in the external air that produces in the mind the sensation of sound. For, striking on the drum of the ear, it causes a vibration which by the auditory nerves being communicated to the brain, the soul is thereupon affected with the sensation called "sound".

Phil：至于声音，什么是我们必须思考的？它们是外在于我们的身体，还是内在于我们呢？

Hyl：他们本质上并不是一个明确而清晰的实体；因为一个钟摆在一个被抽成真空的环境中是不能够发出声音的。因此，声音存在必须是以空气存在为前提条件的。外部空气的运动产生了声音感知。由于它作用在耳鼓上，促使了和大脑相联系的听觉神经的振动，我们心灵上因此有了所谓"声音"的感知。

1929 年，芬兰地理学家格拉诺（Granö）首先对声景的概念下了定义：声景主要是用来描写以听者为中心的声环境[49]。加拿大学者谢弗（Schafer）在其著作《世界的调谐》（*The tuning of the world*）中指出声景是声环境对其间所生存的生物（人）在身体反应或行为特征上所产生的效应研究[50]。声景的世界是不断变化的。目前现代人所栖息的世界中的声环境不同于以往的任何一种环境。这些新的声音无论是在品质上还是在强度上都不同于以往，要警惕那些大量地强加式地进入人类生活中的声音。谢弗指出尽管过去20年发生了巨大的社会和技术改变，但是声音的传达仍然与以前有很多相似之处：我们如何通过听来提高听者和环境的交互作用，我们如何在功能和人的尺度上设计我们的声景，我们如何抑制由于利益驱动导致的技术泛滥。此外，还有一些研究关注社区人民幸福生活的声环境。例如，由芬兰社会声生态学会组织并实施的"100个芬兰声景"是一个历时3年的研究计划。这个项目的首要目标是增强人们的声景意识。确实，声景的概念超越了纯粹环境噪声的定义，更多地反映了一种生活质量，包括积极和消极的特性。

我们的社会有很多对城市现象的描述，例如后工业社会、新经济社会、信息经济社会和创新型社会。然而，关键的问题是美好康乐的环境和高水平的城市生活质量。英国经济的增长促使社会可持续问题越来越具有重要意义。然而，城市中仍然有一些问题：工业化和前工业化社会中公共空间荒诞的危机背后的驱动力（Jacobs，1961；Arendt，1958），由媒体发展进一步导致的公共领域的去物质化（Castells 1996，1997，1998），声景的变化影响了生态系统和人类系统的整体功能运作，声景和视景互相融合所产生的审美情感作用，等等。

研究声景需要了解意识的基本结构。意识由两部分组成：一部分是人们能够感觉并把握的，叫作显意识；另一部分是人们不能把握或明显感知的，叫作潜意识或下意识。如图4.5所示，类属之间的联系以声景感知为核心，对它的理解按照时间顺序被分成三段式：声景记忆表现了声景历史的印记，声景情绪表现了当前的声景现实，声景期待说明了对声景未来的期望。这三部分在潜意识的声景审美上分别被反映在3个时间段，即过去、现在和未来。声景审美是我们的潜意识意念，在研究中，潜意识和显意识一起组成了完整的声景体验模式。

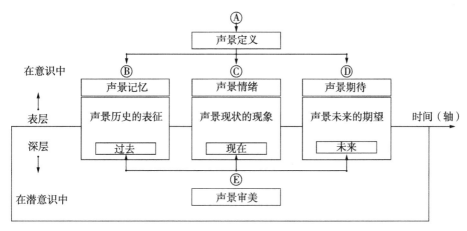

图 4.5　声景感知的理论分析

4.2.1　声景定义

声景定义主要是描述人在主观评价上对声景的基本感知理解。其包括以下几点内容。

4.2.1.1　声景是一种行为

声景是一种行为，这种行为将对人们的生活起到积极的或消极的影响。例如，蒸汽机车发出的轰轰声，代表了工业革命。调查显示这类声音能够使人们更加兴奋。这表明蒸汽机车在那个年代具有积极的意义。然而，在第二次世界大战，人们对蒸汽机车的声音则是另外一种感受，谈话记录（A143—A144 被访者 1939～1945 年生活在谢菲尔德）显示：“我记得袭击、警报和篝火的声音，它们让我惊慌和激动。”又如，对谢菲尔德的轻轨线路有两种态度。谈话记录（A18—A20）显示：“轻轨是噪声，我感到很烦，因为它使地板振动。”然而，谢菲尔德退休的老年人则有不同的态度，谈话记录（A38—A39）显示：“轻轨很好，因为它能带我到城市中不同的地方。”通过进一步调查得知：政府对老年人乘坐轻轨有优惠政策。他们还说这种轻轨的声音能和回家的感觉迅速联系起来。退休人员对轻轨的声音并没有不舒服的感觉，反而非常喜欢。积极的作用能使他们对轻轨的声音持有乐观的态度。相似地，收集垃圾的声音也能使人有积极的反馈，谈话记录（A42—A43）显示：“收垃圾的声音可以接受，因为它能保持每周环境的干净清新。”可见，在一定程度上对声音的理解不在于声音本身的物理属性，而是在于其产生的意义是积极的还是消极的。

4.2.1.2 声景是一种视觉印象

被访者描述到声音是一种画面。谈话记录（A22）显示："我喜欢声景，它是一种舒服的类似于遥远山村的印象图画。"这里谈的内容涉及一种感觉的替代，即听力和视力的感觉交互问题。这是一种最普通的感觉交互现象，即视听交互。有研究表明，通常视觉非常依赖空间的分析，但是听觉依赖时间的分析[51]。

4.2.1.3 声景不仅与听觉相关，而且与触觉相关

在物理学上，声音是一种波的振动。但是从感知的角度看，声音是在特定环境所产生的，因此被访者会和某种环境感受联系起来。谈话记录（A47—A50）显示："冷是一种声音。因为在季风气候条件影响下，群山环抱的环境使人感到恐怖和害怕。"从这个角度上看，声音与特定的气候环境相关。冷是一种声音，这里理解的声音超越了耳朵的感官限制，触觉能唤起人们对声音的感觉。

4.2.1.4 声景是一种情境再现

一位被访者的童年（1950～1970年）是在谢菲尔德度过的。谈话记录（A127—A128）显示："对比我的童年和现在，快乐的声音消失了，因为有些美好的声音——'笑声、歌声、鸟鸣声、来自自然界的声音'消失了。另外，对比童年，感觉现在少了安静，更吵闹了，有很多人和车，也没有那么多孩子在外面玩耍了。"

人们对声景的主观理解日益多样化和复杂化，声景的定义超过了通常我们所理解的范围。Lang 认为环境的"声景""可以被编成管弦乐曲，就好像选择环境的表面材料和其中物体的种类而形成的视觉品质一样"（1994），积极的声景——瀑布、泉水等——可以掩盖交通噪声等不和谐的声音。但是，认知绝对不仅仅止于此，它还涉及对刺激的更复杂的处理和理解。Ittelson（1978，from Bell et al.1990）区分了有关认知包含的 4 项内容（它们之间的关系是互为联系的）。首先，认识上的刺激，它包含了我们对环境理解中要进行的思维和管理的信息。其次，情感上对环境认知的影响力特指我们的情绪等内容。再次，延伸到对环境内在意义的联想，具有解释性的内容。在理解信息的时候，我们把记忆作为与新刺激进行比较的出发点。最后，判断性的内容包括价值和偏爱以及对"好、坏"的判断。

4.2.2　声景记忆

声景记忆指的是长时间的记忆，是深藏在人们心中的，对人们有影响的记忆。它包括积极的声记忆、特殊的声记忆、消极的声记忆，具体论述见4.4.3.1 部分。

4.2.3　声景情绪

声景感知是目前人们对声景直观的感知描述。通常对声音的描述是喜欢或不喜欢。从这个两个评判角度上，SPSS 16.0 统计得出了如图 4.6 所示的结论。该图中标示出了人们大多喜欢来自自然的声音，例如鸟鸣声和树叶的沙沙声。其次，人们喜欢音乐和钟的声音。

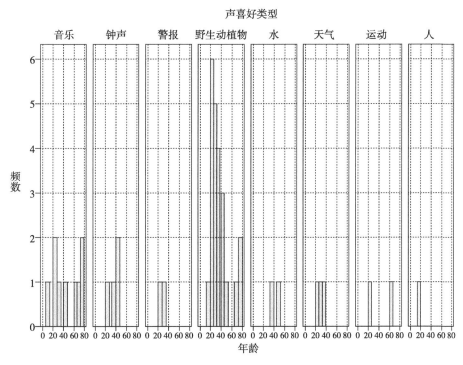

图 4.6　声喜好类型与年龄分布 SPSS 分析

4.2.3.1　声喜好

声喜好类型与年龄分布分析如图 4.6 所示。

1. 喜欢的声音

（1）野生动植物（男，52.5%；女，47.5%）。

（2）音乐（男，28%；女，12.5%）。

（3）钟声（男，4%；女，12.5%）。

（4）警报（男，4%；女，3.5%）。

（5）天气（男，4%；女，7.5%）。

（6）水（男，4%；女，3.5%）。

（7）运动（男，0；女，7.5%）。

（8）人（男，0；女，3.5%）。

2. 讨厌的声音

（1）交通（男，46.5%；女，22%）。

（2）水（男，23.5%；女，33.5%）。

（3）酒吧（男，18%；女，16.5%）。

（4）警报（男，9%；女，21%）。

（5）天气（男，0；女，8%）。

（6）人（男，4.5%；女，0）。

4.2.3.2 声情绪

被访者可以谈论任何对声音的感受，对其总结如下（根据以下谈话记录整理：A21、A25、A26、A27、A44、A45、A46、A52）。

（1）高兴。鸟鸣、瀑布、市场、野生动植物、音乐、教堂的歌声、教堂的钟声、铃声、人们的休闲声……

（2）生气。喝醉的人发出的声音、狗叫声、跳舞的歌曲、车的警报声……

（3）忧伤。两个建筑之间的风声、戴安娜葬礼的声音、生气的人发出的声音、周末西街的噪声、喝醉酒的人、街上的病态的人、酒吧发出的声音、交通声、救护车的声音……

（4）失望。哭泣的孩子、警报声、购物声、火警声、火车声、不好听的音乐声、喝醉酒学生发出的声音、赶不上末班车的提示声……

（5）害怕。酒吧外嘈杂的人声、狗叫声、警车声、周末令人讨厌的发动机声、山里夜晚的风声、疯狂的车声、鸣笛声……

4.2.4　声景期待

声景期待即对声景未来的看法，这关系到可持续声景的发展问题，将在 4.4.3.2 中详细论述。

4.2.5　声景审美

声景审美涉及更深一个层次的声景理解（见图 4.7）。Schafer 说包豪斯把审美引入机器和大工业生产，现在将审美引入声音的世界，就创造了一个新的学科，即声景设计。这是一个跨多学科的学科类别，它的研究者包括音乐家、声学家、心理学家、社会学家和其他能把声音变得更加智能和提升声景质量的研究学者。Schafer 说世界上任何声景都得益于历史音乐的知识。对于音乐的经历显示了我们对不同时代特征参变量的感受和理解。很多艺术家的创造都是无意识的象征性表达。当音乐被乐器演奏出来的时

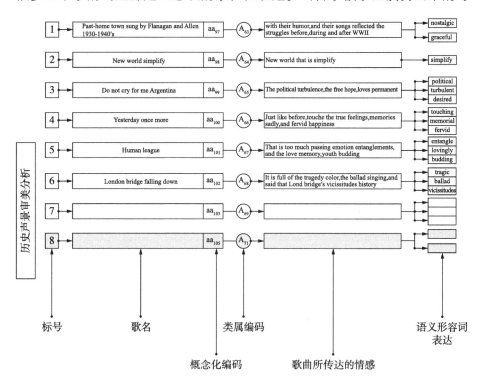

图 4.7　声景审美分析过程示意

候，声波的振动能让我们意识到声音的感觉，进一步加强和旋的情感经验[52]。我们鉴赏音乐作品是通过音调、音节、节奏、速率、音色、音质和音调等[53]。事实上，基本的音乐创造是想象，就像画家需要发挥想象去作画一样。相似的声景审美通过声音的意向表达。

在本研究中设计了关于声景意象的问题作为问卷的最后一部分内容："如果谢菲尔德城市的声景能够被歌曲所代表的话，您认为可以用哪三首歌曲或舞曲来分别代表过去的城市声景、现在的声景和未来的声景？"被访者回答如图4.7所示，通过歌曲的名称描述，定位了关键词所指代的歌曲风格特征和形容词的语义表达等。

4.2.5.1 声景的历史意象

通过歌曲的名称编号，进一步抽取其代表的曲风和音调特征，最终得出该歌曲代表性的形容词。如图4.8所示，图示代表了人们对过去声景审美的

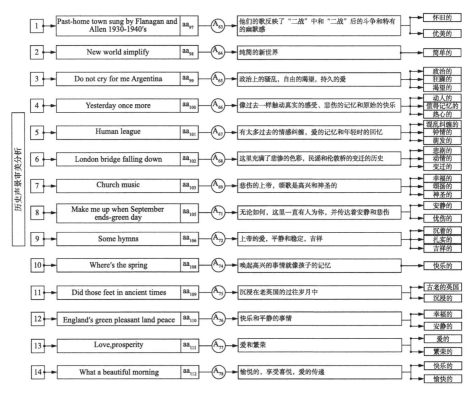

图4.8 历史声景审美意象分析简图

理解，关键词抽取如下：怀旧的、优美的、简单的、政治的、狂躁的、渴望的、动人的、值得记忆的、热心的、混乱纠缠的、钟情的、萌发的、悲剧的、动情的、变迁的、幸福的、颂扬的、神圣的、安静的、忧伤的、沉着的、扎实的、吉祥的、快乐的、古老的英国、沉浸的、安静的、爱的、繁荣的、愉快的……

4.2.5.2 声景的现在意象

如图 4.9 所示，图示代表了人们对现在声景审美的理解，关键词抽取如下：自发的、安静的、简单的、自由的、美丽的、慢慢的、文雅的、令人兴奋的、钟情的、感激的、平和的、放松的、孤独的、乐观的、从容的、无忧无虑的、历史性的、和谐的、缓慢的、金属质感的、愉快的、充满活力的、柔美的、静态的、散漫的、自由的……

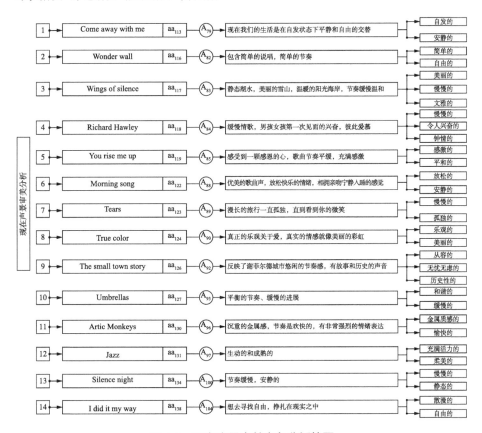

图 4.9 现在声景审美意象分析简图

125

4.2.5.3 声景的未来意象

如图 4.10 所示，图示代表了人们对未来声景审美的理解，关键词抽取如下：未知的、愉快的、永恒的、迅速的、有活力的、安静的、古典的、文雅的、电子的、令人激动的、兴高采烈的、平静的、温和的、令人惊奇的、高兴的、兴奋的、悲伤的、明亮的、钟情的、转向的、更好的、充满活力的、柔美的、生动的、快乐的、慢慢的、自由的……我们可以看出，一些来自图 4.10 的形容词，例如"电子的""激动的""快乐的""平静的"等类似于第四个范畴中对声景期待的理解描述。此外，一些词如"古典的""柔美的""明亮的"等补充了声景期待的表达。

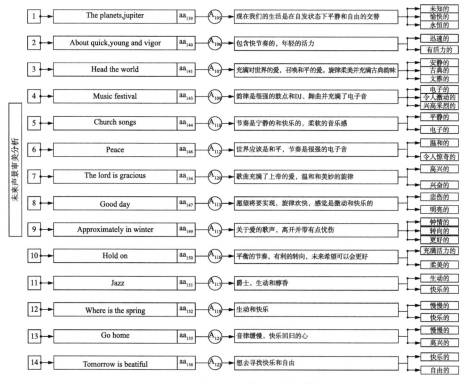

图 4.10　未来声景审美意象分析简图

4.3　城市声景感知差异评测

在现代社会文明进程的推动下，人们对建筑环境质量要求的提高使得建筑环境空间设计的专业化程度相应提高。如果声环境评价的性别差异过大，则空间设计标准也应有所调整。本研究在保证性别和年龄匹配度的基础上，选择英国谢菲尔德城市区域为调查范围，通过对统计数据进行独立样本 t 检验和相关统计得出结论：在声感知、声喜好类型、季节声感受、印象声的感知序列、综合环境（光环境、景观、空气质量、拥挤程度）方面的评价中，两性差异均无统计学意义。本研究可对城市声环境的标准制定提供理论和实践支持。

4.3.1　城市空间的声感知差异

一些理论家，如海顿（Hayden）[54]、托尔（Torre）[55]、韦斯曼（Weisman）[56, 57]等首先对性别与建筑空间的关系进行了探讨。20 世纪 80 年代，涌现出一批著作，例如，《创造空间：女人与男造环境》[58]注重空间的实际设计与研究，《地理学与性别：女性主义地理学导论》[59]是一部体现大尺度女性主义研究框架的著作，《女人与城市：性别与都市环境》[60]从就业、住宅、交通、休闲和社区组织等方面关注个案城市，《设计的歧视：男造环境的女性主义批判》强调空间的产生、控制和使用与性别社会权利的关系。在具体城市规划与建筑设计方面，桑德库克（Sandercock）与福赛斯（Forsyth）的研究指出[61]："自 19 世纪 80 年代开始，空间的规划实践才开始注意性别的议题，但对于规划理论并未触及……"在建筑设计方面，瓦伦丁（Valentine）对英国 2 个郊区住宅的妇女进行了访谈，研究妇女的危险感与公共设计之间的关系，进而提出了10 项改进建议。在声景研究领域，菲尔德（Field）和米德马（Miedema）的研究结果显示性别对噪声的主观响度和主观声舒适度的影响并不显著[62, 63]。康健在其专著《城市声环境》中提到，通常情况下女性比男性稍显敏感。相比于男性，女性更情绪化[64]。唐征征的博士论文《地下商业空间声喜好研究》[65]中提到地下商业空间中不同性别的声喜好不同。以婴儿的哭声为例，对于大多数男性来讲这是最讨厌的声音，然而大部分女性对此并不反感。孟琪的博士论文《地下商业街的声景研究与预测》[66]中提到地下商业街性别差异对主观响度和

127

主观声舒适度的影响总体来说很小，但是无论对于主观响度而言还是对于主观声舒适度而言，女性的标准差均大于男性的标准差。

与以往的研究不同，本研究不限于声舒适度或主观响度两项声评价指标，也不局限于地下空间等特殊建筑空间类型。本研究针对城市户外总体环境空间，从声感知角度、声喜好类型、冬夏季节的声感受、城市印象声的感知序列和城市综合环境要素评价方面进行性别差异的系统评价。

4.3.2　声感知差异的评价方法

声体验研究主要采用开放式访谈的形式评估被访者的声景主观感受。问卷设计围绕声喜好类型、冬夏季节的声感受、城市印象声的感知序列和城市综合环境要素评价等问题展开。例如："在户外，你喜欢什么声音？你讨厌什么声音？冬天您能听到什么声音？夏天您能听到什么声音？在谢菲尔德市，有令你印象最深刻的声音吗？可否将其排序作答？"声感知的性别差异研究采用语义细分法，具体做法是将被访者的态度分为 7 个等级，如表 4.3 所示。采用语义分析中常用的声形容词作为语义分析指标，其中包括覆盖声感知喜好的安静度和舒适度；可以代表城市环境中声音内在语义的形容词对，如有趣度；以及城市环境中代表声音外延的形容词对，如安静度、细腻度等。所有数据用统计学分析软件 SPSS 进行描述性统计分析、相关分析和 t 检验分析等。

表 4.3　声感知程度层次评价表

声感知度									
期待度	期待的	3	2	1	0	-1	-2	-3	不期待的
细腻度	细腻的	3	2	1	0	-1	-2	-3	尖锐的
兴奋度	兴奋的	3	2	1	0	-1	-2	-3	沉闷的
有趣度	有趣的	3	2	1	0	-1	-2	-3	常规的
均一度	均一的	3	2	1	0	-1	-2	-3	多样的
舒适度	舒适的	3	2	1	0	-1	-2	-3	扰乱的
明晰度	明晰的	3	2	1	0	-1	-2	-3	模糊的
安静度	安静的	3	2	1	0	-1	-2	-3	吵闹的

最后，进行城市环境综合评价，如表 4.4 所示，主要指标为光环境、景

观环境、空气质量和拥挤程度。独立样本 t 检验是利用来自 2 个总体的独立样本推断 2 个总体的均值是否有显著差异的一种统计学方法。其中,平均差综合反映了总体各单位标志值的变动程度。显著性水平代表的是在一次实验中小概率事件发生的可能性大小。本节将简述声感知角度、声喜好类型、冬夏季节的声感受、城市印象声的感知序列和城市综合环境要素评价五个方面的声认识是否存在性别差异,以及性别差异在这些指标中的体现是否显著。

表 4.4 城市综合环境评价

城市环境							
光环境	-3	-2	-1	0	1	2	3
景观环境	-3	-2	-1	0	1	2	3
空气质量	-3	-2	-1	0	1	2	3
拥挤程度	-3	-2	-1	0	1	2	3

4.3.3 主体的声感知差异评测

表 4.5 所示为通过独立样本 t 检验得出的声感知因子性别差异的平均差与显著性水平。男女在 8 种声感知度(期待度、细腻度、兴奋度、有趣度、均一度、舒适度、明晰度、安静度)上的 p 值为 $0.054 \sim 0.733$,均大于 0.05,所以上述 8 种声感知度的两性差异均无统计学意义。

表 4.5 城市声感知因子的性别差异(平均差 / 显著性水平)

期待度	细腻度	兴奋度	有趣度	均一度	舒适度	明晰度	安静度
-0.533/ 0.206	-0.785/ 0.054	-0.213/ 0.538	0.148/ 0.733	-0.197/ 0.662	-0.482/ 0.242	-0.387/ 0.386	-0.503/ 0.305

如图 4.11(a)所示,在声期待度方面,评价现状声环境处于"非常不期待"的女性比男性多 10% 左右,且处于"不期待"的女性也比男性多 7%,即女性比男性更多地认为声环境并不是期待中的,即女性对声景质量提升的要求比男性高。如图 4.11(b)所示,在声细腻度方面,女性"很尖锐"的评价达到峰值(40%),男性"适中"的评价达到峰值(34%),由此可知,女性尖锐度感知相对高于男性。如图 4.11(c)所示,在声兴奋度方面,男性"沉闷"的评价处于峰值(50%),女性"适中"的评价处于峰值(33%)。

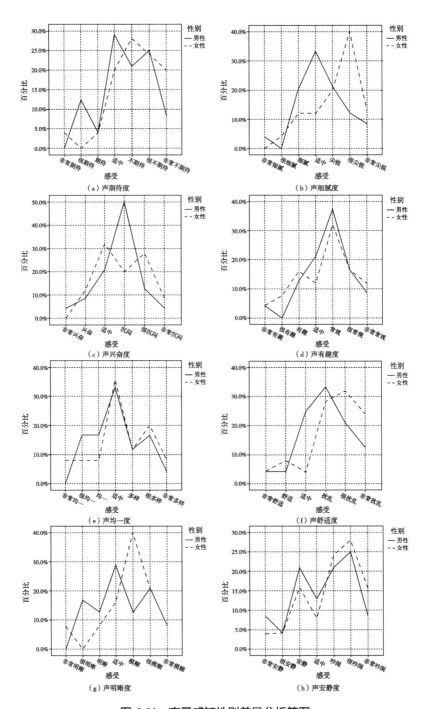

图 4.11　声景感知性别差异分析简图

由此可见，与女性相比，男性更多地感到声兴奋度不够。如图 4.11（d）、（e）所示，在声有趣度和声均一度方面，男女差值不超过 5%，即基本无差别。如图 4.11（f）所示，在声舒适度方面，评价"很扰乱"和"非常扰乱"的女性均比男性多 10%，即女性感知到的扰乱度高，更容易受到声音的打扰。如图 4.11（g）所示，在声明晰度方面，男性"适中"的评价处于峰值（29%），女性"模糊"的评价处于峰值（40%），即男性明晰度普遍高于女性，女性多数感觉模糊度偏高。如图 4.11（h）所示，在声安静度上，女性比男性稍显敏感，评价"吵闹""很吵闹""非常吵闹"的女性比男性分别多 3%、3%、8%，即女性感觉声音更吵。总之，通过图 4.11 中 8 种声感知因子的性别对比可知，男、女性有少量的声感知差异。

4.3.4　主体的声喜好差异评测

4.3.4.1　喜欢的声音和讨厌的声音

如表 4.6 所示，男、女性喜欢的声景 $p=0.118$，令人讨厌的声景 $p=0.124$，均大于 0.05，故认为在声喜好度上，两性差异均无统计学意义。

表 4.6　声喜好性别差异表（平均差 / 显著性水平）

喜欢的声景	讨厌的声景	冬季的声景	夏季的声景	第一印象声	第二印象声	第三印象声	第四印象声
−1.215/0.118	0.720/0.124	0.600/0.472	0.115/0.897	0.902/0.168	−0.050/0.951	0.338/0.651	0.978/0.289

通过对喜欢的声音的调查，如图 4.12（a）所示，男、女性有比较一致的声喜好类型，野生动植物声排在第一位（男 53%，女 47%）。排在第二位的是音乐声（男 28%，女 13%）。通过对讨厌的声音的调查，如图 4.12（b）所示，排在第一位和第二位的分别是交通声（男 46%，女 21%）和水声（男 22.5%，女 33%）。总的来讲，男、女性在喜欢的和讨厌的声音调查中声源感受序列基本一致。

4.3.4.2　冬夏季节的声感受

通过城市冬夏两季声景主要声源构成的独立样本 t 检验结果，如表 4.6 所示，男、女性对冬季的声音感受差异 $p=0.472$，夏季的声音感受差异 $p=0.897$，均大于 0.05，故认为在冬夏季节声的感受上，两性差异无统计学意义。

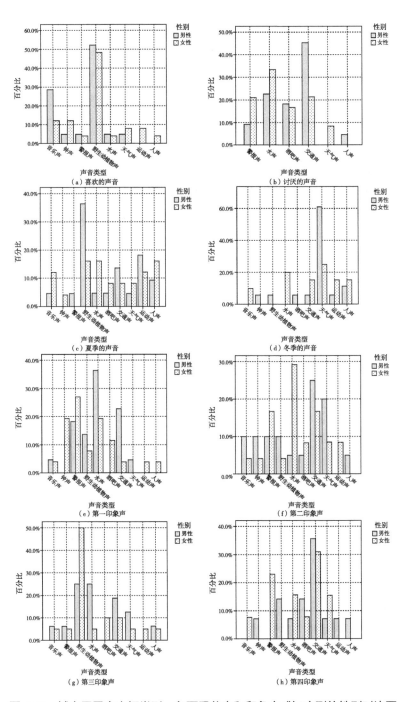

图 4.12　城市居民声喜好类型、冬夏季节声和印象声感知序列的性别对比图

通过夏季的声景调查，如图 4.12（c）所示，男性绝大多数认为代表当地夏季声的主要是野生动植物声（男 37%，女 16%）。可见，男性更加显著地感受到野生动植物声。通过冬季声景调查，如图 4.12（d）所示，男性比女性更显著感受到天气声（男 61%，女 23%）。通过冬夏季节声对比可知，男性对单一声源的感受度比女性更强，而女性感受到的冬夏季声音类型则更加宽泛。

4.3.4.3 城市印象声的感知序列

城市印象声的感知序列是人们对城市声景印象感知的主观排序，体现了人们对城市区域内不同声源感知的敏感程度。通过独立样本 t 检验，如表 4.6 所示，城市第一印象声两性差异 $p=0.168$，第二印象声两性差异 $p=0.951$，第三印象声两性差异 $p=0.651$，第四印象声两性差异 $p=0.289$，均大于 0.05，故认为在城市印象声的感知序列上，两性差异无统计学意义。

如图 4.12（a）～（h）所示，第一印象声和第二印象声都是水声处于峰值状态，分别为 37% 和 29%，差别在于男女感受上的交叉现象，即对于男性是第一印象声的水声，对于女性则是第二印象声；在第三印象声中女性主要感受到的是野生动植物声（50%），男性（25%）也主要感受到野生动植物声。在第四印象声中，女性主要感受到的是交通声（31%），男性主要感受到的也是交通声（36%）。总之，通过上述分析可知，男女对城市声印象的感知序列有局部交叉现象，但是基本上性别差异对城市印象声感知序列的影响不显著。

4.3.5 主体感知环境差异评测

通过独立样本 t 检验表 4.7 所示，城市光环境的性别差异 $p=0.771$，城市景观环境 $p=0.374$，城市空气质量 $p=0.392$，城市拥挤程度 $p=0.656$，均大于 0.05，故认为在综合环境评价上，两性差异无统计学意义。

表 4.7 城市综合环境的性别差异（平均差 / 显著性水平）

光环境	景观环境	空气质量	拥挤程度
−0.116/0.771	−0.253/0.374	−0.308/0.392	−0.212/0.656

通过图 4.13 可以看出，在城市光环境、城市景观环境、城市空气质量和城市拥挤程度四项评价中，城市综合环境质量比较符合市民的普遍要求。但是，女性对景观和空气质量的满意度稍高于男性。总之，城市综合环境两

性评价并无显著差异，总的趋势是朝向肯定性评价。

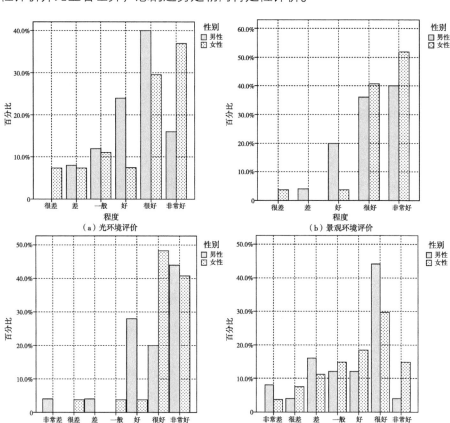

图 4.13　城市光环境、景观环境、空气质量和拥挤程度评价性别对比

4.3.6　主体声感知差异的结论

本研究综合对比分析了城市户外空间声环境评价中的性别差异问题。通过独立样本 t 检验及相关统计分析得出：在基于语义细分法下的声感知 8 项因子评估、城市居民的声喜好类型、冬夏季节的声感受、城市声印象的感知序列、综合环境要素评价上，两性差异均无统计学意义（$p > 0.05$）。

户外空间声环境中性别的细微差异表现如下：

（1）更多女性比男性认为环境并不是期待中的，认为声环境应该有更高的品质；在声细腻度对比中，女性比男性对尖锐度的感知表现出稍高的变化；在声兴奋度的性别对比中，男性认为声兴奋度不高的偏多；在声有趣度和声均一度的性别对比中，男女表现基本一致；在声舒适程度的性别对比中，女性比男性更加表现出受扰乱度高，容易受到声音的打扰；在声明晰度的性别对比中，男性感觉清晰度高于女性，多数女性感觉模糊度偏高；在声安静度的性别对比中，女性比男性稍显敏感，感觉声音更吵。

（2）男、女性在喜欢的和讨厌的声调查中，声源感受序列基本一致，但存在具体声源感受程度上的差异。

（3）在冬夏季节声感受的性别对比中，男性对单一声源的感受度比女性更强，而女性感受到的冬夏季声音类型更加宽泛。

（4）男、女性对城市声印象的感知序列并无显著差异，仅存在具体声源感受程度上的差异。

（5）城市综合环境两性评价并无显著差异，在景观环境和空气质量上，女性比男性评价稍高。

4.4　城市声景特色的案例研究

每一个城市都渴望拥有具有地区特色的整体城市环境，声环境特色的评估和保护是其中不可或缺的一项内容。本节以英国谢菲尔德城市居民声景调查为基础，结合调研结果，采用社会学研究领域的统计软件和扎根理论的分析方法进行定量和定性分析，得出关于城市声景特色保护的声源类型和声景指标。希望本研究结果能引起我国对城市声景特色保护研究的重视，为城市声景特色的保护和发展提供建设性的意见和建议。

4.4.1　声景特色研究概述

阿尔多·罗西（Aldo Rossi）[67]的理性主义类型学和类似性城市的思想认为人们对城市的总体认识不仅仅停留在眼睛所能看到和手可以触摸到的建筑实体和城市形象的表层，而应该建立在对城市场所中所发生的一系列事件，包括现在和历史记忆的集合。这种集合构成了人类行为与经验和城市环境关系的核心。它是由人们对物质环境的知觉组成的，这种知觉不仅是视觉的，还应该包括听觉。

加拿大学者谢弗在其著作《世界的调谐》中指出声景是声环境对其间所生存的生物（人）在身体反应或行为特征上所产生的效应研究[50]。他在 20世纪 60 年代末创办了"世界音景计划"（World Soundscape Project，WSP）。WSP 的早期成果包括 1973 年的"温哥华声景"（Vancouver Soundscape）及"加拿大声景"（Soundscapes of Canada）的田野录制和研究分析。"100 个芬兰声景"是历时 3 年的一个研究项目，由芬兰声生态学会组织并实施。这个项目首要的目标是能够对当地居民的声景意识起到提高的作用[68]。日本声景协会（成立于 1993 年）在很多城市进行了"地区中重要的、具代表性的且未来可以保留的声景"调查，并对其开展了评选活动，最后定义了需要保护的 100 例声景[69]。谢弗提醒人们，具体的声景如同建筑、风俗和服饰一样，标示一个地域社区的特征。不幸的是，越来越多的声景特色正濒临湮没于同质化的城市声景中[70]。2002 年，康健等在《世界建筑》中发表的文章和 2006 年出版的《城市声环境论》中指出，声音在物理和心理声学方面的特征以及声音在历史、文化和社会方面的意义及其与听者和环境的关系都需要共同融入声景设计领域，从而可以为声景的设计提供依据[71]。2005 年，秦佑国在《建筑学报》撰文论述了在传统的景观学研究中只有视觉感知体验，而没有融入声景感知体验，这样的研究在美学上是残缺的。因此，声景要研究如何与视觉相互作用的原理，共同达到互动融合设计[72]。葛坚等认为声景感受应该根据不同人群的价值观、文化内涵等个体差异对声景的多重特征进行综合考虑，对城市的声景进行分层级设计，例如城市规划、城市设计、环境设计、建筑音响设计和装置设计等[73]。

目前，我国的听觉污染问题使居民普遍受到困扰。现行的城市规划建设是否应该考虑居民的听觉需要和地区的声景特色？在我国有很多关于城市景观中历史风貌特色保护方面的研究，而少有关于城市声景特色保护和研究的案例。即使是在常见的城市详细规划研究中，也较少触及城市声景特色的内容。

在欧洲，城市声景特色研究已经成为欧盟重视的研究课题之一。其中，谢菲尔德是世界名校环境声学研究联盟、欧洲声景研究联盟和英国噪声未来研究联盟等机构的重点研究城市之一。2009 年，在该市召开的城市声环境未来发展研讨会重点讨论了如何解决区域性声景特色和未来声景趋向等问题。在此会议的推动下，谢菲尔德市作为研究试点被选作调查对象。本书以谢菲尔德案例介绍为主，以声景特色的定量与定性分析为基础，希望能引起我国对城市声景特色保护研究的重视。

　　谢菲尔德位于自然环境优美且历史悠久的南约克郡。城市特征主要体现在地理气候、自然资源、历史事件、人口文化、规划交通和艺术休闲等方面。城市声环境特色评估是维护环境特色的重要组成部分。城市特色与导致其声环境产生的关联变化是声景特色调查的研究切入点。谢菲尔德城市特征中的 18 个分项研究点对声环境的影响分析如图 4.14 所示。

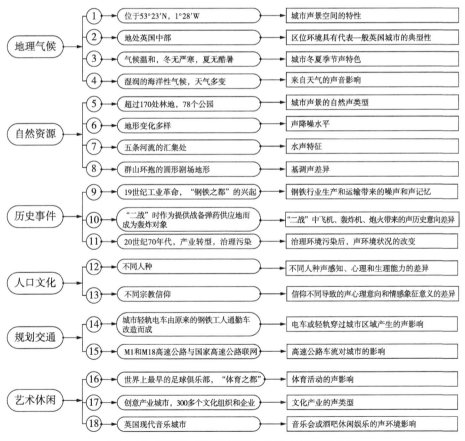

图 4.14　谢菲尔德城市特色与声特色关联性分析

4.4.1.1 地理气候

谢菲尔德位于 $53°23'$ N，$1°28'$ W，地处英国中部，气候温和，冬无严寒，夏无酷暑，属湿润的海洋性气候，天气多变。上述特征形成了一定的声景空间特性和多变气候条件下的季节声景的变化。

4.4.1.2 自然资源

谢菲尔德市有超过 170 处林地（28.27 km^2）、78 个公园（18.30 km^2）和 10 个公共花园，加上面积为 134.66 km^2 的国家公园和 10.87 km^2 的水面，意味着该市 61% 的面积为绿地，人均拥有的树木数量超过任何一个欧洲城市。谢菲尔德在地形上变化多样，五条河流汇集于此，属群山环抱的圆形剧场地形。这些环境特征形成了特有的城市声景自然特征。

4.4.1.3 历史事件

19 世纪工业革命中，"钢铁之都"兴起；"二战"时，谢菲尔德作为战备弹药的供应地而成为德军的轰炸对象；20 世纪 70 年代，产业转型，治理污染。这些由战争、钢铁工业兴起和治理污染带来的历史声记忆形成了城市声景的历史意象。

4.4.1.4 人口文化

谢菲尔德人种和信仰上的差异导致声感知心理的差异。

4.4.1.5 规划交通

谢菲尔德的城市轻轨电车由原来的钢铁工人通勤车改造而成。M1 和 M18 高速公路与国家高速公路联网。轻轨穿越城市和高速公路对城市声景造成影响。

4.4.1.6 艺术休闲

谢菲尔德成立了世界上最早的足球俱乐部，是"体育之都"；是创意产业城市，全市有 300 多个文化组织和企业；还是英国现代音乐城市。休闲娱乐活动声成为声景特色的组成部分。

4.4.2 城市区域声景特色的定量分析

4.4.2.1 城市区域代表性的声景调查

（1）图 4.15（a）显示，城市第一印象声源中 27% 是水声，水声处于第一位是因为受到河流汇集地理条件的影响。警报声（23%）、交通声（13%）、野生动植物声（11%）和钟声（11%）等主要声源也代表了被调查者对城市声景的第一印象。

（2）图4.15（b）显示，代表城市特色文化的声源中27%是音乐声，处于文化声的第一位。其后主要是警报声（17%）、酒吧声（12.5%）、水声（9.5%）和天气声（9.5%）。音乐声成为最突出的文化声，这对地区文化特色起到了积极的标示作用（在谢菲尔德市政厅举办的音乐会和西街的酒吧里都能够欣赏到国际知名音乐家的演出）。

（3）图4.15（c）和图4.15（d）显示，城市居民声景喜好类型声源中50%是野生动植物声，排在喜欢的声音类型的第一位，如鸟类鸣叫声和树叶沙沙声，表现突出的还有音乐声（19.5%）和钟声（8%）。排在讨厌的声音类型第一位的是交通噪声（33%），其后主要是水声（28.5%）、酒吧声（17%）和警报声（15%）。交通噪声对城市居民的影响应该首先得到重视。

（4）图4.15（e）显示，城市夏季声景声源中26%为野生动植物声，处于夏季声的第一位。由于夏季城市气候温和，自然资源丰富，野生动植物拥有很好的生存环境，因此，野生动物活跃异常，野生植物生长茂盛。其后是运动声（15%）、人声（13%）、水声（11%）和交通声（11%）。调查中人们普遍提到踢足球的声音和市民在院子里烧烤的声音。如图4.15（f）所示，位于第一位的冬季声源是天气声（42%），例如雨、雪或是风声。比较有趣的是人们还提到下雪的声音是比较轻的啪啪声，说明谢菲尔德的冬季比较寂静，能较好地感受自然。人声（13%）、运动声（11%）、水声（11%）和交通声（11%）也是冬季的主要声源类型。

（5）图4.15（g）显示，代表城市艺术休闲特色的周末声景声源处于前列的是音乐声（24%）和酒吧声（24%）。其后是运动声（15.5%）。这反映了现代音乐城市和"体育之都"的城市特色。

4.4.2.2　城市区域最希望保留的声景调查

图4.15（h）显示，声源中53%是野生动植物声，其应被列在具保留价值声景类型的首位，音乐声（17%）位于第二位。天气声（13%）、水声（10%）和钟声（6%）居于第三、第四和第五位。由于谢菲尔德的绿地国家公园和水面为动植物提供了丰富的栖息地资源，所以，保护珍贵的动植物栖息地资源是保留地区内野生动植物声的前提条件。此外，处在具保留价值声

139

景第二位的音乐声对城市文化价值的提升作用也不容忽视。

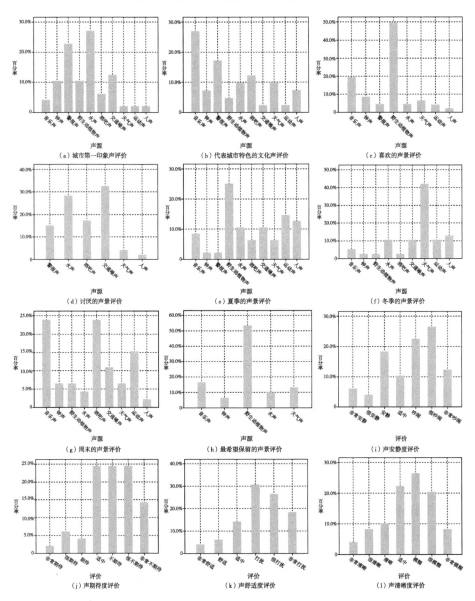

图 4.15　谢菲尔德城市调研区域内城市声环境定量统计分析

4.4.2.3　声感知中的声安静度、声期待度、声舒适度、声清晰度的评价

（1）图 4.15（i）中，声安静度评价居于第一位的是"很吵闹"，占总人

数的 26.5%；第二位的是"吵闹"，占总人数的 22.5%；第三位的是"安静"，占总人数的 18%，即多数人认为整体声环境比较吵。

（2）图 4.15（j）中，声期待度评价"很不期待""不期待""适中"均占总人数的 24.5%，即城市声景现状并没有达到人们普遍的要求，有很大的声质量提升空间。

（3）图 4.15（k）中，声舒适度评价处于第一位的是"打扰"，占总人数的 31%；其次是"很打扰"，占总人数的 27%，多数人认为舒适度不好，须提高城市的声舒适度。

（4）图 4.15（l）中，声清晰度评价处于第一位的评价是"模糊"，占总人数的 27%；第二位的是"适中"，占总人数的 23%；第三位的是"很模糊"，占总人数的 20.5%，反映出城市的声清晰度评价不高。

4.4.3　城市区域声景特色的定性分析

任何一个民族的文化都会不自觉地被反映在本国的声景中，这些声音能够被空间中的收听者文化性地鉴别出来，并创造出与空间相关的某种意象。我们都是在城市环境中的声音进入耳朵后，根据自己的价值判断生成某种声意象[75]。在某种程度上，当地人民是最直接和最重要的听众。这样，声景设计不仅仅是噪声的控制、当地文化的展示和现代化的产物，更多的是当地人对地区历史文化感知需求的满足[76]。声意向调查结果作为当地人对城市声景文化理解的意愿，对于整个城市环境的未来规划有着重要的参考价值。以下介绍城市声景意象定性调查的部分研究结果。

4.4.3.1　城市声景的历史意象

被访对象：从小在谢菲尔德长大，60～70 岁的老年人。

1. 积极的声记忆

积极的声记忆包括一切人们所喜好的声景回忆，人们希望能产生美好回忆的声景类型的声源不要消失，而应保留。这是因为人们对城市历史的回忆是由这些积极的声记忆所组成的，人们希望这些声音能唤起他们对美好过去的回忆。所以，不应该用单纯的声物理评价方面的数据来决定这些声音的去留问题。例如，谈话记录（A163—A166）："在我童年的时候，我频繁坐轻轨回家，当我听到轻轨的声音时，我想到的是家的感觉，这种感觉和电车不一样。所以，我不希望去除轻轨的声音，我希望通过技术的手段能适当降低它的声音。但是，绝不是消失。"这里轻轨指的是由原来的钢铁工人通勤运输线改建而成的穿越城市中心区的轻轨线路。当一种声音具有一种生活上的积极意义的时候，保留这样珍贵的声景资源，也是为了营造地区的归属感和历史感。

2. 特殊的声记忆

谢菲尔德市在19世纪工业革命时是"钢铁之都"。调查前的假设状况是钢铁厂应该有很多令人厌烦的钢铁锻造的声音，它们会令城市的人们感到不安和烦躁。但是，特殊的声记忆会掩盖掉这些声音，例如，谈话记录（A129—A146）："我们住在城市西郊，当时，钢铁锻造的声音并不能影响我们的生活，然而，令我感到印象深刻的声音是来自车间长（钢铁厂管理者）所发出的声音，它让我有一种长久的压迫感。"通过上面的谈话记录，我们了解到当一种声音关系到人们自身直接的利益时，人们的感受度是最强的。钢铁厂管理者和工人是直接的上下级关系，这样的关系造成的心理敏感度较高，从而让人感到对其声印象深刻，能够成为人们长久的声记忆。

3. 消极的声记忆

第二次世界大战的时候，在德军的轰炸中，589人在谢菲尔德阵亡，近3000房屋被毁。一个近几年失明的被访者谈话中（A133—A148）说道："1939年到1945年战争持续的时候。我6岁到11岁，我记得有时候有飞机轰炸的声音，这个声音令我感到不安和焦虑，我能够记得机枪和炮火的声音，我没有很强烈的生理反应。但是，我特别担心家人的安全。"在他生命中这样的声记忆是印象最深刻的，却是消极的声音，他不希望这些声音再出现在自己的生活中。

4.4.3.2 城市声景的未来意象

城市未来声景的意象研究是城市声景特色研究的重点，关系到城市声景未来的发展方向。

1. 以自然安静音为主的音乐休闲声

通过被访者的谈话记录（A1—A2）："将来的声景希望是安静的，类似自然河流、鸟鸣、瀑布和钟声。"谈话记录（A5—A6）："将来的声景是休闲声的混合体，将来的声景是好像生活在音乐中，希望这里有更多的安静，一些自然声，自然的流水和鸟鸣声，安静的声音。"自然、安静和休闲的音乐是被渴望的声意象之一。

2. 多文化、多种族、多语言

1950—1970 年，谢菲尔德仅有一种语言，就是当地的谢菲尔德方言。然而，现在出现了一种多语言文化的趋向。以下是部分证实这种趋向的采访记录（A7—A8）："现在，多文化、多种族、多语言趋向可能越来越明显。将来，越来越少的人说谢菲尔德口音。"这一现象显示了城市声环境可能越来越多样化。谢菲尔德有许多移民来自波兰、索马里、斯洛伐克、也门等，这些不同种族和宗教信仰的人在城市中不断融合，随着社会的多元化、多种族化等复杂化进程，就会有更多的语言类型出现。

3. 需要改变，旧的声音被新的所取代

调查发现人们希望声景能够改变。谈话记录（A3—A123）："就像音乐的风格在不断改变一样，城市声景应该像音乐和电影一样不断改变自身的风格。"可见，未来声意象中，人们有明显的求新心态。

4. 安静、简单，包含快乐的信息

谈话记录（A11—A22）："我希望这里的声景包含更多的快乐，没有恐惧，在良好环境中快乐地工作，舒适得像遥远山村的感觉。"谈话记录（A15—A16）："我希望这里有更多的音乐，安静为背景音。我希望这里有更少的交通噪声。但是，包含很多安静、愉快信息的声音。"这反映了人们对声景的心理需求既复杂又微妙，情感上需求的声景要包含快乐和舒适的声信息。

5. 更多电子声，像音乐一样舒适的技术声

谈话记录（A14—A17）："我希望这里有更多的电子声，我希望有更多舒适的来自计算机的电子或数字音乐声。"谈话记录（A9）："年轻一代的人更多地受到电子声或是来自电视和手机等人工制造物发出声音的影响。"这种需求和数字化时代密切相关。社会学家艾伯特·班杜拉（Albert Bandura）的交互决定理论（reciprocal determinism）指出：社会系统包括有着强烈意志的人，人们会对社会有着一种快速的持续的适应过程。将来的声景会朝着人们所期望的方向发展，人们产生这一需求也是适应社会的表现。这点类似于生物学家威尔逊（Edward Osborne Wilson）的观点：自然系统和人类系统之间的关系是相互作用并且会产生充分的相互作用，即合成效应[78]。人们对

于电子声的喜好，在某种程度上反映了整个社会和人类发展的一致性。

4.4.4　声景特色研究结论

本书通过上述英国谢菲尔德案例研究总结出城市第一印象声、具有地区文化特色的声源类型、城市居民的声喜好类型、城市地理气候特征下的冬夏季节声、代表城市艺术休闲特色的周末声、值得保护的地区声源类型以及对声环境感知指标（声安静度、声期待度、声舒适度、声清晰度）给予数值评估和意见收集，指出需要改善的声源和城市声环境感知的问题，希望为城市声环境特色的声源定位和声环境质量提升提供依据。此外，城市声景历史和未来意象的定性分析可对城市声环境未来的设计方向提供直接的意见和建议。

4.5　本章小结

声环境研究日渐兴起的原因与人们日渐提高的生活品质是分不开的。在世界范围内努力实现噪声控制的前提下，追求更高品质的声环境质量和维护城市地方性声景特色是当前世界声景研究的重点。本章主要采用结构访谈方法、扎根理论和社会统计学结合的方法，进行了欧洲城市声景感知体验的研究。

本章主要研究内容有三项：

（1）解决声景认知的理念问题。在问卷调查访谈当地居民的基础上，运用扎根理论的十个步骤的分析程序，如开放译码（见表 4.1）、轴心译码和选择译码（见表 4.2）等分析得出城市声景的主观理解模式理论（见图 4.5）：声景意识的基本结构类似于组成意识的两部分，一部分是人们能够感觉并把握的，叫作显意识（声景显意识）；另一部分是人们不能把握或明显感知的，叫作潜意识或下意识（声景潜意识）。访谈结论经过选择译码得出的五个类属被鉴别如下：声景定义、声景记忆、声景情绪、声景期待、声景审美。类属之间的联系是以声景定义为核心，对它的理解按照时间顺序被分成三段式：声景的记忆表现了声景历史的印记，声景情绪表现了当前的声景现实，声景期待说明了对未来声景的渴望。这三部分之间在声景潜意识的声景审美上也分别被反映在三个时间段内，声景审美一直存在于我们的潜意识中，潜意识和显意识一起组成了完整的声景体验模式。

（2）探索城市声景感知的差异问题。在现代社会文明进程的推动下，人们对建筑环境质量要求的提高使建筑环境空间设计的专业化程度相应提高。如果声环境评价的性别差异过大，则空间设计标准也应有所调整。在保证性别和年龄匹配度的基础上，选择英国谢菲尔德城市区域为调查范围，通过语义细分法下的声感知 8 项因子评估和对统计数据进行独立样本 t 检验得出结论如下：在声感知、声喜好类型、冬夏季节声感受、城市印象声的感知序列、城市综合环境要素（光环境、景观环境、空气质量、拥挤程度）方面的评价中，两性差异均无统计学意义（ $p > 0.05$ ），但是，细微差异仍然存在。这一研究结论可为城市声环境的标准制定提供理论和实践支持。

（3）对谢菲尔德市进行声景特色的定量和定性评测。以英国谢菲尔德城市居民声景调查数据为基础资料，进行了统计学和扎根理论的定量和定性分析，总结得出谢菲尔德城市第一印象声、具有地区文化特色的声源类型、城市居民的声喜好类型、城市地理气候特征下的冬夏季节声、代表城市艺术休闲特色的周末声、值得保护的地区声源类型以及对声环境的感知指标（声安静度、声期待度、声舒适度、声清晰度），通过数值评估和意见收集，指出需要改善的声源和城市声环境感知的问题，为城市声环境特色的声源定位和声环境质量提升提供了依据。此外，城市声景历史和未来意象的定性分析可对城市声环境未来的设计方向提供直接的意见和建议。

第 5 章

当代欧洲城市景观的视听综合感知体验研究

城市体验是人与城市环境的交往、人与环境组成的具体事件和人们的生动生活。因此，它不仅仅在于视觉的清晰与可读性和声景体验的愉悦性，而在于两者结合后产生的综合感知效应（以心理学和脑神经医学的科学实验为依据）和人们对城市生活事件的综合体验（以体验景观的学术成果为印证）。

本章首先论述城市景观视听体验的思想基础。其次，将基于谢菲尔德城市中心区景观案例和平公园为视听结合研究的实践切入点，探索相关实际工程项目中视听景观的表现特征和面临的实际问题。其目的是探讨在提倡城市高品质景观的理念下，如何在操作层面上实现视觉和听觉的联合设计与相互优化。最后，结合研究成果，以视景、声景和视听感知相结合的设计策略来论述欧洲城市景观视听感知体验研究对我国城市的启示。

5.1 城市景观视听体验的思想基础

人需要随时了解自己所处的环境出现的情况，也需要及时感知各种变化的信息。信息首先是通过视觉、听觉，其次是通过嗅觉、触觉、热感觉等获得的。知觉源于环境中各种因素对人体感官的刺激，这些刺激被接受后，转换成神经脉冲，再传递给中枢神经系统，经大脑处理后，产生反应信号传递给肌肉，形成了人的各种活动。因此，研究这些构成人基本活动的空间的感知问题是促进人性化城市和谐发展的关键一步。

5.1.1 景观视听感知的基础理论

景观视听感知的基础理论是建立在对生态系统运行的良好认知基础上的，如果要改善生存环境，作者认为顺应自然生态系统的伦理观是一切行为的基础。1996 年，詹姆斯·科纳在一篇关于生态学的论文里写道："生态学和创造性演变之间的相似性预示着景观设计学的另一个方向，即关于人们如何生活，关于如何与土地、自然和场所紧密联系的各种约定习俗都受到了挑战，而人们对生活的多元追求通过创造而重新得到释放。"

美国农业部林务局社会科学家保罗·戈比斯特（Paul Gobster）提倡对生

态审美进行研究，因为涉及人们对景观感知的维度，为此他发表了一系列学术观点（见表 5.1）。他长期对人们价值观的变化进行研究，他认为通过给人们灌输生态美学的理念可以开展景观管理和评价工作。保罗·戈比斯特还认为目前的研究具有某些思路上的局限性，例如，快速判断视觉特性思路上的狭隘和操作实施上凭借图片等级心理测量方法的局限性等。

表 5.1　景观感知理论的几点思考[79]

景观感知理论相关特征	景观感知理论特征及内涵解析
景观感知具有多感官的特征	景观提供了通过多种感官而感知并同时起作用的信息
景观感知具有空间和时间的性质	对景观的感知可以是一个积累空间和时间体验的过程并可以随景观变化而变化
人们对景观的感知回应是多维度的	人们可以对景观产生审美上的回应，也可以产生生态、健康、安全、整洁和其他维度的回应。这些维度相互依靠并相互影响
景观感知既是认识的也是情感的	对景观的观察是复杂的，不仅有吸引或厌倦，也存在象征性的和动机性的信息
影响景观感知的有社会、文化、哲学、人类学等方面的因素	景观感知也有心理方面的原因。感知受到社会环境的影响，也受到来自社会和文化个体体验的影响
景观感知的结果是多样性的	景观感知可以产生偏好、选择和利用的结果，也可以产生审美价值和保护价值的体验结果。感知可能导致行为和环境方面的改变
景观感知本身具有多样性	景观感知研究的方法也应该是多样的。研究者应该研究定性和定量的方法，强调景观研究中的重要问题，并以推动理论、实践和政策的发展为目标

如表 5.1 所示，首先，保罗·戈比斯特表达了基于景观感知的多感官特征和景观感知具有的空间和时间性质，指出景观提供了多种感官感知和感官之间同时起作用的信息。景观感知是一个积累空间和时间的过程，随着景观不断的变化，感知也发生变化。因此，从上述观点可以推理出下一点结论，即对景观的感知回应可以是多维度的。人们可以对景观产生审美上的回应，也可以产生生态健康、安全、整洁和其他维度的回应。这些维度相互依靠并

相互影响。其次，景观感知是认识的也是情感的，对景观的观察是复杂的，不仅有吸引或厌倦，也存在象征性的和动机性的信息。影响景观感知的既有社会、文化、哲学、人类学等方面的因素，也有心理方面的原因。感知受到社会环境的影响，也受到来自社会和文化个体体验的影响。景观感知的结果自然也是多样性的，景观感知可以产生偏好、选择和利用的结果，也可以产生审美价值和保护价值的体验结果。感知可能导致行为和环境方面的改变。景观感知本身是多样性的，景观感知研究的方法也应该是多样化的。研究者应该研究定性和定量的方法，强调景观研究中的重要问题，并以推动理论、实践和政策的发展为目标。总之，问题的研究必须推动方法的筛选。保罗·戈比斯特在《黄石国家公园》中指出体验景观的感知方法能够拓展人们对景观美的理解维度。在学术层面上，我们应该更加关注和综合审视景观审美价值的能力（戈毕斯特[80]），关注之一是不能单纯将视觉作为评判的标准，即不应把注意力放在静态的视觉特征上，应该从多维度感知角度（如听觉和味觉）积累对景观审美价值的体验。但是，还有一些不能够直接感知到的景观，要通过知识和经验的积累才能获得其意义或者价值。

5.1.2　视听综合感知的理念构成

视觉空间包括我们面前的东西并涉及空间中的物体，相对而言，声音的空间是环绕的，没有明显的边界，更强调空间本身（Porteous，1996）。听觉充满感情。例如，我们经常会被尖叫、音乐和雷鸣强烈感染，也会因听到流水和风吹树叶的声音感到平静（Porteous，1996）。和听觉一样，人们对形态、色彩、光感的变幻和动态等综合的体验称为人的整体感知体验。因为我们总是体验"整体"而不是孤立的任何一部分，所以我们把环境看作合奏。为了使环境更加有秩序、和谐和连贯，我们必然要研究视觉和听觉等刺激造成的我们对其环境体验的视觉或听觉认识体验和心理意识（Bell et al.，1990）。总之，如表5.2所示，看与听的活动是社交接触最多的类型，它们的感知理念必然是城市景观感知体验中首先要整合的两部分。

（1）在第3章中，基于马斯洛的需要层次理论和维尔伯的意识谱理论，结合威尼斯城市考察的实例，作者探讨了视觉景观感知的金字塔层级理念逻辑，得出如表5.2中所示的结论。视觉感知理念的逻辑秩序结构图包含：A

阶段为视觉尺度感知体验、B 阶段为视觉秩序感知体验、C 阶段为视觉动态
感知体验、D 阶段为城市意象感知体验、E 阶段为美学评价。它们的关系遵
从金字塔形的体验顺序，由低层体验到中层体验再到高层体验。其中每个阶
段都有子类属划分：视觉尺度感知体验分为亲密尺度、个人尺度、社会尺度
和公共尺度等，视觉秩序感知体验包含景观中景物的颜色、方向、大小和距
离，视觉动态感知体验包含人行模式和车行模式，城市意象感知体验中有路
径、区域、边界、节点和地标；美学评价感知体验包括韵律感识别、节奏的
理解、平衡的识别与和谐的敏感等。

表 5.2　景观视听感知理念构成对比表

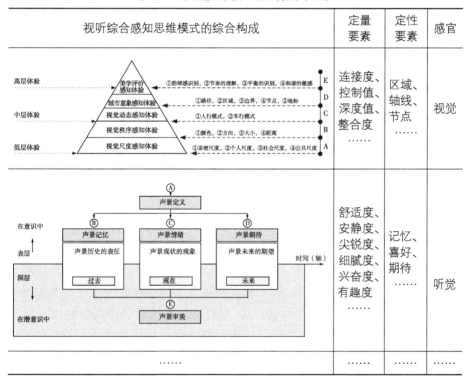

视听综合感知思维模式的综合构成	定量要素	定性要素	感官
	连接度、控制值、深度值、整合度……	区域、轴线、节点……	视觉
	舒适度、安静度、尖锐度、细腻度、兴奋度、有趣度……	记忆、喜好、期待……	听觉
……	……	……	……

（2）第 4 章通过对声景概念的扎根理论程序分析得出声景主观认识理
论的五种类属：声景定义主要是描述人的主观评价上对声景的基本感知理
解。研究声景需要知道意识的基本结构。意识由两部分组成，其中之一是人
们能够感觉并把握的，叫作显意识；另一部分是人们不能把握或是明显感知

的，叫作潜意识或下意识。如表 5.2 所示，类属之间的联系以声景的认知为核心，对它的理解按照时间顺序被分成三段式：声景记忆表现了声景的历史印记，声景情绪表现了当前的声景现状，声景期待说明了对声景未来的渴望。这三部分之间在潜意识的声景审美上分别被反映在三个时间段。声景审美是潜意识中的意念，在研究中，潜意识和显意识一起组成了完整的声景体验模式。

此外，感知环境的重要官能除了视觉、听觉外，还涉及触觉和嗅觉等，虽然后者在信息上可能得到的比前者少，但是在情感上也许会比较丰富。正如波蒂厄斯（Porteous，1996）所说：我们的很多有关肌理的体验都来自脚，以及臀部（坐下时），而不是通过手。体验城市中的生活是人最大的乐趣。这些感官刺激通常作为一个相互关联的整体被觉察和意识到。只有在故意动作（闭上眼睛、堵住耳朵或鼻子）或者选择性注意的时候，某个方面才会被分离出来，虽然视觉是主导感觉，但是城市环境远远不止视觉。例如，培根（Bacon，1974）认为，"变化的视觉画面"仅仅是感官体验的开始，就累加的效果而言，光影变换、冷热交替、喧闹到安静的转变、开敞空间中气味的流动，以及脚下地面的触觉特性都很重要。当更多人在城市空间中游走和逗留时，一个安全的城市的潜能就会得到强化。

查尔斯在《景观都市主义》中提到城市环境的美学评价包括视觉、听觉和运动知觉（包括全身所有部位的运动的知觉）。尽管体验城市环境包括我们所有的感觉，但在一些情况下，听觉、嗅觉和触觉比视觉更重要。正如冯·迈斯（Von Meiss，1990）激发设计师时说的那样："让我们试着想象我们正在设计的空间中的回音，那些材料将散发出的气味或将在那里发生的活动，以及它们将引起的触觉体验。"一般而言，整体设计观念的缺失，以及异质元素的粗暴拼贴，都会产生与外界隔绝的环境，从而导致当前的城市窘境：理论意义上的现代城市已经趋于分散化，其原来的自然本底也已完全改变，并且许多改变已经超出了我们的想象——水体被覆盖或改道，地形被推平整或被整饬，森林变得支离破碎——诸如此类情况数不胜数。问题的本质是目前规划中强烈的实用主义色彩和短期目标驱动，使得城市景观中敏感的实体和视觉特征正在逐渐被遗忘。我们对城市快速发展中残留下来的自然结构及其内在潜力的理解，都已经变成了后知觉[81]。

5.1.3　视听交互的体验方式分析

有关景观的论著多集中在视觉注意上，但是人对于空间场所的感受是多种感觉的集合体，对听觉和触觉以及嗅觉都应予以关注，例如，视觉极大地依赖于空间的分析，而听觉则依赖于时间的分析。这两种迥异的过程是如何整合的呢？当一个人叫你的名字时，你转过头来同时用眼睛看着他，你产生了什么感觉？你手中的三明治，无论味觉、触觉还是形象都属于同一物体。当视觉与听觉信息同时从同一地点传来时，你的反应会加强，而一种感觉中的信息会通过很多方法影响对另一种感觉中的信息的反应。

英国心理学家麦格克（McGurk）和麦克唐纳（MacDonald）进行了一项有趣的实验，证明了人的听觉在很大程度上受视觉的影响。实验证明，人的视觉信息优先于听觉信息。当人的视觉和听觉获得的信息不一致时，人会优先提取视觉信息，这种现象在心理学上被称为"麦格克效应"[82]。

此外，科学工作者利用功能性核磁共振技术实验得出听力正常的人一边数数一边还在看投影中的人脸时，他们大脑皮层的活动效应。研究发现，人们数数时的外表状态和动作除了激活视觉皮层区，同样也激活了一些听觉皮层区[83]。采用相同的技术观察语言相关性的视觉运动和非语言相关视觉运动两个时段，人们的皮层运动区的变化（实验对象：若干听力丧失的人，若干个听觉正常但是不明白手语的人，若干又懂手语又具有正常听力的人），研究指出跨通道交互作用表示了神经系统自身的一种功能运行[84]。法尔基耶（Falchier）等人（2002）以逆行追踪的方式在猴脑中发现了从初级听觉皮层（A1）到初级视觉皮层（V1）的直接联系。研究表明对视听感觉刺激的反应取决于它们的时间和空间关系[85]。声源位置和听到的声音（如口技效应和麦格克错觉），甚至有实验表明在相同或不同的地方加入与任务无关的声音也会影响视觉对光的觉察阈限[86]。使用事件相关电位（ERPs）的方法研究发现了人脑中跨通道的交互作用能影响早期"单一形态"的视觉加工的证据，功能性神经成像技术揭示了单通道区域（例如视觉皮质和顶叶）也有空间交互作用[87]。如果一个感觉通道在某个位置产生非常重要的信息，那么处理另一种通道信息的"特定系统"（特定形态特征，如颜色的觉察器），就会优先加工该通道区域的信息，这种优先机制从机能上来说是非常重要的。例如，如果听觉信息告诉我们附近有动物信息，在视觉信息还很模糊的时候，先加工这部分的视觉信息是非常有意义的。这些研究结果表明多感觉效应会受跨通道交互作用的影响。

感觉替代——视觉未必需要眼睛——是一种完全不同的方法，能用声音来替代视觉。在彼得·梅杰（Peter Meijer，2002）的方法中，视觉图像被转化为"声景"，在这里跃动的噪声相当于眼睛的扫视，他用声音的频率与时间来分别对图像的左右和上下进行编码。他把必要的软件放在网上，帕特·弗莱彻（Pat Fletcher，2002）是众多的尝试者之一，她在1999年的一次工业事故中失明，与容易上手的触觉系统不同，她为了掌握这个系统花了好几个月的时间，但最终她成功了，开始感知世界的深度与细节。但是这真的是视觉吗？弗莱彻说是，她不会把"声景"与其他声音混淆。她可以一边用声景看着对方，一边和人说话，她甚至还梦到声景。这些例子对我们理解感觉认知的本质都有重要的意义。感觉替代是这样简单，这说明进入眼睛的信息并没有天然的视觉属性，进入耳朵的信息也没有天然的听觉属性。相反，信息的本质以及它如何被人为地改变，决定了信息会被如何体验。这一点与将视觉及听觉看作和世界互动的不同方式的感觉运动理论不谋而合。另一个实验也得到相同的结论。表5.3为视觉和听觉交互的信息加工过程。

表5.3　视觉和听觉交互信息[88]

储存结构	加工过程				无法回忆的原因
	编　码	容　量	持续时间	提　取	
感觉"储存"	感觉特征	12～20个项目至大量项目	250 ms～4 s	完全提取，如果有适当线索	掩蔽或消退
短时记忆	听觉、视觉、语义、经识别和命名的感觉特征	7+2或7–2个项目	约12 s，如加以复述会更长	完全提取，每35 ms提取一个项目	替代、干扰、消退
长时记忆	语义、视觉知识，抽象观念，有意义的图像	庞大，几乎是无限的	不确定	可供提取的具体信息和一般信息，如果有适当的线索	干扰、器质性损伤、不适当的线索

5.1.4　五官感知维度的融合效应

我们看到的世界始终是生动和活跃的世界，因为每时每刻世界都在发生变化，我们对世界的感知也在追逐变幻的世界。但是，城市对我们而言，最终还是通过五官感知的维度融合得到城市的综合感知体验。著名心理学家詹姆斯·吉普森指出五官感觉会形成感觉系统，对外界的环境变化会作出（不必用智力）判断。很多学者也证明了各种感官模式之间的相互作用关系。比较著名的有马克思（Marks）的感官统一性理论。他通过实验得出相异的感官模式具有互动联合协作的关联。借由这种关系，人们对环境的感知体验慢慢被理解为一种联觉。其中，我们通过身体和场所的互动，成为环境的一分子；我们看到了物体的质地、肌理和色彩等；我们听到了风声、雨声和落叶声；我们感觉到了物体的冷暖、干燥和潮湿；我们闻到了香味、酸味和甜味；我们摸到了肌肉的结实、钢铁的坚硬和砂石的粗糙等，这些感官末梢神经的细节体验会汇集到我们的整体身体体验中，形成我们对特定场所和特定物质的体验广度和深度。此外，感觉不单单是生理的，还是心理的，它融入了文化的力量。其实，只有人类才能够以文化的方式去体验日常的城市环境，即人类是一种文化生物体。

一个心理科学实验证明了不同感觉模式间的信息交互。该实验是训练12 个正常受试者学习触觉—触觉单一模式和听觉—触觉交叉模式工作记忆后，利用 Neuroscan EEG 系统记录脑电活动，对脑电数据进行分析，着重考察延时过程中，事件相关脑电成分（EPR）在触觉单一模式和交叉模式中的异同。以往的交叉模式研究表明：在工作记忆延时过程中存在两个主要的脑电成分，即 LPC（Late Positive Component）和 LNC（Late Negative Component）。为探讨听觉和触觉交叉模式工作记忆的大脑神经活动肌理，通过将听觉加入其中，并通过比较单一模式和交叉模式，以及交叉模式中匹配和不需要匹配任务间脑电成分的差异，从结果中取出 15 个电极的数据如图 5.1 所示，并对不同位置的 LPC 在不同实验任务中的幅度值进行统计分析，进一步证明了交叉模式工作记忆中相继出现 LPC 和 LNC 所提示的神经认知功能：不同感觉模式间的信息交互。

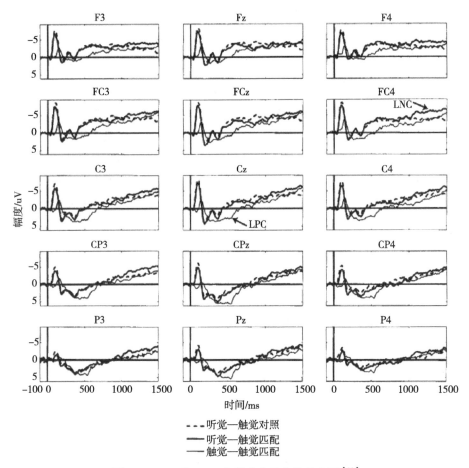

图 5.1　LPC 和 LNC 在整个大脑上的分布图[89]

　　人的感知体验共有四个环节：首先是感知，其次是意识和记忆，最后是高级认知活动。但是，体验是前思维性的，它发生在高级认知活动之前。当刺激出现时，我们通过感觉系统加以检测、储存和转译，然后作出反应，整个过程分为三个阶段：首先是信息录入（涉及注意力和感知等过程），其次是信息的储存（包含记忆等心理活动），最后是信息的运行（主要涉及信息归类等）。人们的认知经由感官接收信息，然后通过心理认知的过程处理信息、分类和储存信息，直到利用分析信息得出的推理结果来解决实际问题，这一系列心理过程组成了人类的心智认知模型，所以心智模型是建立在序列事件的基础上的[90]。

5.1.5　经验景观空间的产生过程

人们是如何经历空间的？空间里发生了什么？首先需要考虑这两个问题。人们的日常行为轨迹是重要的，但不是以特殊的旅行者的角度去看。人们赋予空间以意义有很多不同的原因，经常是由于高度个人的环境因素而激励，做一些记忆以及与记忆相关或好或坏或基于某种目的的日常所熟悉的事情。这可能激励一种不同于通常生活背景的看、闻、听或综合感受。在哪里和产生了什么是值得关注的问题。例如，人们都是按照特定的交通流线组织上下班和日常生活的，但是交通噪声问题造成了人们的焦躁不安，这与单单考虑视觉问题的经验是截然不同的结果，噪声促使人们关注交通工具。街道空间是强空间，因为它面对的是大众群体，意义不同寻常。考虑到空间感知的复杂性，有潜在的三个主题似乎是有用的分类，都是关于户外空间是如何变成主导的生活模式。它们包括：空间所具有的社会意向方面的性质（Stokols，1981）；空间应该为人提供一种有助于复元的机会（Kaplan and Ryan，1998）；空间具有社会交往和领域的性质（Altman，1975；Martin，1997）；空间是具有一种与社会联系的记忆性质的精神空间（Stokols，1981）和确实的物理性质的空间（Lynch，1960）。空间随着社会意义的增加逐渐分层，那么，某种物理空间的组成就会因形成这种特殊的空间而产生。

谢菲尔德大学景观系的城市设计和景观建筑方向的老师凯文·思韦茨（Kevin Thwaites）和兰·西姆金斯（Lan Simkins）带领学生调研得出了经验景观的理论。经验景观的理论是建立在人与空间的交流基础上的。经验景观的核心在于空间维度上人的经验，关键在于理解经验的特点，解释景观的结构组织和运作，提出设计过程可能有助于更好地体验空间。如图 5.2 所示，中心（centre）、方向（direction）、过渡（transition）和区域（area）被认为是户外空间体验的代表特征。虽然说环境经验是复杂的，但是关于产生空间认同的多样化来源具有不确定性，这些特征提供了基本的景观经验的模型建构依据。例如，中心，作为一个主观定位传达出与社会意向、复原利益或是社会相互作用领域相关的意义。这是一种发展经验景观的概念过程性描述，也开始了解释空间的历程。决定一种经验的维度是一件不容易的工作，因为它面临着很多基于不同空间和个体个性、社会和各要素的非限定的心理和行为的解释。这更多的是一种看问题的方式的改变，与以前的材料和空间组成的分析是大不相同的。经验空间是基于人的基本感知经验的一种分析空间的方法。

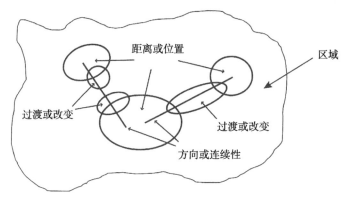

图 5.2　经验空间图示[91]

5.1.6　景观综合感知的经验体系

马里兰大学的鲍勃说："如果不理解我们日常的生活轨迹的形式和设计信息的利益，我们最有可能的后果就是使自己充满苦恼的想法，最坏的情况是在对公信力很差的情况下充满瞬间奇怪的念头。"（Bob Scarfo，University of Maryland in Several Authors，1992）

斯托科尔斯（Stokols）在 1981 年发表的文章中说道："通常的空间内的日常行为模式是下意识的，空间有意义是因为集体和个人目标的协调一致，或是因为有价值的身体特色和社会功能的协调。"这样，人们会形成一种空间的满足感，这样的空间满足人们的某种需要的动机或渴望，或是展示好的设计明确的环境品质。它是有意义的、匹配的、隐藏的且放松的追求。这些特征组成了社会意向，满足了社会大众通常的需要（Bonnes and Secchiaroli，1995）。人群相互聚集，他们的聚集地和全球化环境是复杂的和难于理解的。然而，还记得 100 年前，不少于 80% 的世界人口居住在乡村。今天世界上一半的人口居住在城市和乡镇。20 世纪，城市迅速成长。1840 年，伦敦成为世界上第一个超百万居民的城市。1988 年，240 个城市的居民人数超过100 万，32 个城市的居民人数超过 500 万，当时出现了所谓"城市复兴"。

目前，城市所面临的问题不同于以往任何一个年代，需要研究一种更加关怀人们体验的景观感知体系的思考，人是如何感知环境和环境对人的影响等问题需要实际的调查和研究。

人们需要发展一种与所在环境相联系的熟悉的感知情绪（Lynch，1960；Bentley et al.，1985）。人们也需要拓展一种超越熟悉领域的认知能力，这种能力能够给予人们遐想空间、神秘经历和提高发现新事物的可能性（Kaplan and Kaplan，1998）。当想象力被激发时，当不得不作出选择时，它激励着运动的顺利完成（Kaplan and Kaplan，1998）。在这方面，利益有更高水平的渗透能力，它鼓励一种路径的选择和多样化经历的探索（Bentley et al.，1985；Rudlin and Falk，1999）。达到渗透性的设计就是增加了严格限制的方格网的联系，这增加了变幻路径的潜在需求和更多的移动模式，也更容易贡献于街道识别性的发展，提高迷人的兴致和穿越空间的意识。弯曲和弧线能够引入一种隐藏的神秘预测并显示出对个人喜好的想象发现，尤其是在包括一种吸引人的特质的时候（Kaplan and Kaplan，1998）。强烈的视觉装置的出现，如具有特色的地标是很重要的，因为它能唤醒人们的一种有助于方位识别的能力（Lynch，1960；Kaplan，Kaplan and Ryan，1998；Liewelyn-Davies，2000）。这就相关于行走的经历，这里记忆显得尤为重要，即方便辨认是重要的，长空间中一段一段的形态和空间尺度适当的变幻的感受很重要（Cullen，1971，Kaplan，Kaplan and Ryan，1998，Rudlin and Falk，1999）。

从第 3 章视觉理念的中层体验中需要注意人行模式与车行模式两种分类的论证过程可以看出，通常我们对景观的认知局限性，即当从视觉、听觉和其他感觉角度来评价城市环境时，我们往往会忽略运动这一要素。在我们欣赏景观时，也容易将城市中汽车的声音和悦耳的鸟叫混为一谈。对于上述问题，克里斯托弗·吉鲁特在《运动中的景象：在时间中描述景观》中谈到要构思一种新的思考方式，将运动中的时间与空间因素作为运动统一体（travelling continuum of space and time），而非一连串的静态结构来整合考虑，并以此来指导设计。城市必须鞭策城市规划师和建筑师加强将步行体系作为一种一体化的城市政策，以发展一个充满活力的、安全的、可持续的且健康的城市。同样急需的是增加城市空间的社会职能，即聚会场所功能，为达到社会可持续和开放民众的社会目标而作出贡献。目前，应该倡导一种开放而有差别的、不刻板的景观阅读方式，通过这种方式可以在抓住历史痕迹的同时认清未来的潜力。同时，也要将场地放在一种能进行动态演化和自我修正的参照系中来思考。这是一种视觉参照系，目的是约束并强化城市随时间而变化的固有潜能。然而，目前的规划方法几乎不可能找到这样一种综合的分析视角。因此，要建立一种时间、空间和运动之间的联系，从而以一种四维视角来理解景观的基础。

城市意象中可能存在一种抽象的参照系统，将意象以不同的方式组织起来，有时候环境不是通过一种概括的方位系统进行组织的，而是有一个或多个强烈的焦点，其他东西都参照这些点，例如，教堂和寺庙的尖顶对周围整个街区的统摄。如果我们要找城市的某处，只要先找到城市中具有特色的区域，根据特色区域的方位和距离便可以很容易地找到目的地。环境意向是观察者和被观察者之间双向作用的过程。我们感知能力的适应性非常强大，不同的环境对注意力可能吸引，也可能排斥；对意向的组织和辨别可能是促进，也可能是阻碍。斯蒂凡诺·博埃里（Stefano Boeri）和乔瓦尼·拉弗拉（Giovanni Lavarra）针对意大利景观动态演变的论文《地域的变化》（*Mutamenti del Territorio*，*Muta-tions of the Territory*）中提出了一种景观综合分析方法，从而完全从对欧洲城市景观原型的既定的、模糊化的经典分析中走了出来。但是，前提是需要解开隐藏在景观变迁过程中的"遗传密码"，从而对未来的景象作出清晰的阐释。当今最缺乏的无疑是一种能清楚地解读这种复杂性，并将各种因素有机结合起来，最终整合到设计思考中的能力[35]。

城市是一个人对序列事件的体验，这些特征决定了我们身在何处以及周围环境对我们的意义，同时也给出了空间特征分类的原则，产生空间定位、连续和变化的感觉（见图5.3）。这在某种意义上来源于对自己身体的和心理的定位以及自己享受更加丰富的空间意识发展。所以，这样就给了我们一个切入点——联系人的经验和空间决策的表达。中心问题是复杂的结构经验，压缩一种经验的多样化，简化为中心、方向、过渡和区域四个指标，这有助于快速地提供一种编织多细节的快速记忆的框架。这四个指标的确立运用了扎根理论的调研和分析方法。扎根理论倡导的是研究理论从数据中涌现的方法，在量化信息收集和使用者的调查问卷的分析的基础上产生理论（参见第4章4.1.2节）。这部分结论由谢菲尔德大学景观系的城市设计和景观建筑

实验地点	类型	符号	描述中心
中心 能够引起这里及其近邻感觉的主观显著位置感	社会形象		红色圆圈或多边形
	社会相互作用		橙色圆圈或多边形
	康复性公益		绿色圆圈或多边形
方向 能够引起那里及未来可能感觉的主观显著连续感	运动		绿色虚线 若是单向的，可以加一个箭头；双向的不用加；停留之处可用星号表示
	视线		蓝色星号表示站立位置，蓝色靶心表示目标，虚线为视线
过渡 能够引起情绪、气氛或功能转变的主观显著的点或面的变化	门槛		两条红色的粗平行线
	走廊		内含阴影线的红色多边形。可加T_c表示走廊、T_s表示段
区域 能够引起一致与限制感觉的主观显著领域感		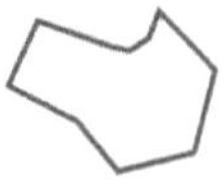	紫色多边形

图 5.3　CDTA 符号图标[91]

方向的凯文·思韦茨和兰·西姆金斯老师带领学生调研得出。如图 5.4 所示，中心、方向、过渡和区域四个指标能够检测不同水平的尺度空间经验。经验景观是依据理论原则尝试一种可操作的调研方法，通过人的经验与空间暗示发展一种空间阅读的过程性分析，不同层面的地图分析代表不同的空间体验类型。换句话说，它是在对传统分析工具质疑的基础上产生的，它的发展在设计决策方面具有重要启示。如图 5.5 为基于经验景观理论的景观地图连续性分析示意。

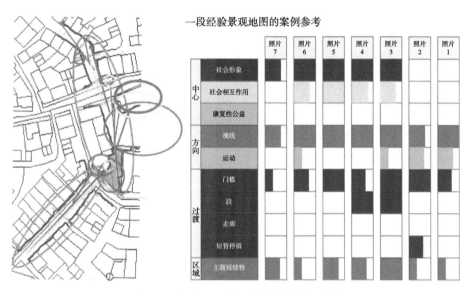

图 5.4　经验景观地图的连续性分析[91]

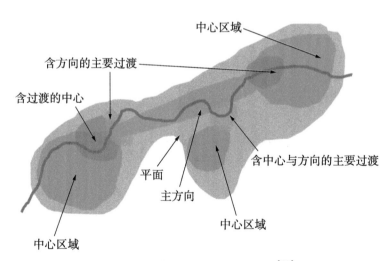

图 5.5　经验景观空间 CDTA 图示[91]

城市自身是一个人对序列事件的体验，这些特征提供了我们身在何处以及周围环境对我们的意义，同时也给出了空间特征分类的原则，产生空间定位、连续和变化的感觉。这在某种意义上是来源于对自己身体和心理的定位以及来源于自己享受更加丰富的空间意识发展。所以，这就给我们一个切入点，它就是联系人的经验和空间决策的表达。中心问题是复杂的结构经验，压缩一种经验的多样化，简化为中心、方向、过渡和区域四个指标，人们需要从环境中重拾一种放松和自然的情怀。刺激这种对人产生的放松和复原，进行广泛的空间自然要素的再组织很重要（Kaplan and Kaplan，1989），或是水体（Carr et al.，1992）被认为是有益的。研究表明，复原空间经常给人以某种经验性的机会。它们包括：①不在场的感知或身心能够自由畅想的能力；②拓展通常经验的范围；③造成一种心理迷恋或是心理的契约与个人的内心渴望和爱好相匹配（Kaplan，Kaplan and Ryan，1998）。复原利益能够被赋值于空间，不需要身体和视觉的联系。例如，复原空间能提供一个极其便利的附近的安静区，即使它不是那么频繁地被使用（Kaplan and Kaplan，1989）。

纳萨（Nasar，1998）解释说观察者可以选择是否体验艺术、文学和音乐，而城市设计却不提供选择："在日常活动中，人们必须穿越和体验城市环境的公共部分。"因此，虽然我们可以"接受吸引那些选择去参观博物馆的小范围观众的'高雅'视觉艺术的观念，但城市的形态和风貌却必须满足更广泛的经常体验的公众的需要"。西特（Sitte，1889）提倡城市空间设计的"图画式"途径。科林斯（1965）认为西特所谓的"图画式"是画面意义而不是浪漫意义上的：那就是"像一张图片一样构图，拥有和一张用心经营的油画一样的形式价值"。《城市设计的纬度》一书提到环境可以被看作一个精神建构，一种环境意向，包括每个人不同的精神创造和评价，意向是个人经验和价值观过滤环境刺激因素的结果。在这一过程中，环境表达区别和联系，观察者从中选择、组织和赋予所收集信息以意义。

在空间中，人们按照常规的方式聚集和可能的偶然相遇变成日常生活的指代。怀特（Whyte，1980）指出如果空间具有鼓励谈话的特征，它就能更多地激励陌生人之间的交往。研究表明，公共空间是有价值的，因为它们提供了看人的机会，空间性和社会性的关注是达到个人满足的重要方面（Kaplan and Kaplan，1989；Carr et al.，1992）。在《无声的语言》（*The Silent Language*，1959）和《隐藏的维度》（*The Hidden Dimension*，1960）中，美国人类学家 Edward T.Hall 提供了对人类进化史的精彩调研，同时介绍了人的感官特征和重要性[92]。城市景观是人与自然共同作用的整体，景观之于人们的使用而言，功能是最基本的，如果一个公园或广场在功能上最大限度地满足了人们的使用需求和审美需求，可以说这处景观满足宜人的条件。这里的需求不仅是人们休憩欣赏的需求，还有市政府向市民宣传城市历史与景观文化的需求，因为每个城市的特色不同，就谢菲尔德而言，城市的公园绿化率高达 60%，每年的六七月都有很多市政府组织的专家讲解。例如，被采访的一位毕业于剑桥大学现从事城市历史保护规划与设计专业的教授，他每年都带领市民参观城市公园，鼓励市民参与规划与设计，虽然这是一项自觉报名的市民活动，但是在教化人们对自己所在城市景观历史、对历史变迁引起生活的变化的认识上起到了很好的作用，这时候的城市景观设计成为一项能够启发人的有意义的活动。许多社会的变化反映在世界城市中就是人们的生活方式的变化，人们除了通过电子方式沟通外，还需要交往空间的复兴。一系列的活动和表演显示出城市公共空间所能带来的各种人性化的可能，显示了社会可持续的特性，最理想的方式是人们在不考虑年龄、收入、地位、宗教或种族的背景下，能够在城市空间中面对面地交流，以一种最平常的方式交流。人们由一种对不同文化所共有的人生价值体验感到安心和自信。

5.2 城市景观视听综合感知的案例分析

现代对神经系统的多种感觉交互作用的研究通过非入侵的电生理学技术和血液动力学等测量方式（以人为实验对象），发现神经细胞对一个以上的感觉通道的信息有反应，多感觉的交互作用能发生在单细胞水平上。一个存在于人大脑皮层上颞内整合视觉和听觉综合感觉区域被功能性核磁共振的实验所证实[87]。《北京生物医学工程》上一篇题为《脑认知领域中注意对视听觉感觉统合影响的研究》的论文也指出在视听觉统合的实验中，对比单独视觉任务、单独听觉任务和视听觉混合任务，视听觉混合任务正确率偏低。大脑皮层除了筛选任务出现的左右位置，还要对两通道任务的同向性作出判断。在这个实验中，视觉和听觉不再是对方的提示线索，而是互为干扰的[94]。士阿弥（Shams）、上谷（Kamitani）和下城（Shimojo）发现听觉效应能在本质上改变视觉效应[95]。

从人的生理和心理学角度研究视听综合交互的学者和论文偏多。但是，从城市景观的角度研究视听综合感知的案例还较少。由于人的视听感知本来的作用方式就是互相结合、协同作用的，因此，本书尝试将视听结合研究作为切入点，以调研对象谢菲尔德市中心区的和平花园为例，试图发现具体实践中的视听结合点。

5.2.1　视听综合感知案例前期分析

项目名称：谢菲尔德和平花园

地点：谢菲尔德城市中心（见图 5.6）

完工时间：1998 年

耗资：500 万英磅

设计者：谢菲尔德市议会

业主：谢菲尔德市议会

设计哲学：和平花园是一个大型城市公共领域项目（自 1950 年以来，英国最大的项目——城市中心区复兴计划的一部分）。这个项目的关键概念是提升城市公共开放空间的质量（或品质）。的确，品质的概念是整个项目的一个基础价值，它反映在材料的应用上，尤其是天然石头的艺术处理应用，这也被认为是现代项目中最昂贵的成本体现。品质的理念也被反映在整个花园精致的手工艺制作技术上，六个分离的艺术手工艺委托作品被融入设计中：石雕家理查德·佩里（Richard Perry）设计的栏杆，陶艺家特蕾西·海斯（Tracey Heyes）设计并生产的镶嵌在溪水中的马赛克，父子团队 Asquith Design Partnership 设计的铸铜品。家具设计师安德鲁·斯凯尔顿（Andrew Skelton）设计并生产的木制长椅，汤姆·珀金斯（Tom Perkins）和伦·里斯（Leuan Rees）设计的石材上的文字雕刻作品。

图 5.6　谢菲尔德和平花园

　　另一个关键的理念是这里应该是和平花园，而不是一个带铺装的广场。这个理念是在 1995 年 11 月为期 7 天的市政厅的公共咨询活动上，在公众的强烈要求下提出的。公众强烈表达了对传统公园或花园要素的喜爱，例如草坪、植物边界和正在生长的树木。这里应该是一片绿洲和城市匆忙人流的避难所。公众把目标定在水景特色和喷泉水景的设计上。虽然，很多和平花园的游客可能不知道它，一个象征的想法隐藏在设计表象下（它促成了很多的细节设计）：如图 5.7 ～ 图 5.9 所示，五个聚合的路径及溪流代表了谢菲尔德的五条生机勃勃的河流。每个通路两侧的金属器皿代表了匹克地区（Peak District）的制高点。从器皿缝中流下的丝线般的瀑布代表了河流本身。中间的喷泉象征着城市中心区的响亮活力。用设计团队的领导者林恩·米切尔（Lyn Mitchell）的话说："我们仅仅想要的是一个会唱歌和跳舞的水景雕塑?"（隐含：当然不是）在早期的工业革命时期，水的能量在这个地区是很重要的，这里有超过一百年的城市文明史。和平花园的设计隐含了城市工业历史的印记。青铜器皿中涌出的水虽然不是钢水，但是这种流动隐喻了城市的工业历史。项目中的其他要素，例如植物和护柱也都反映了谢菲尔德曾经是"钢铁之都"的城市历史。

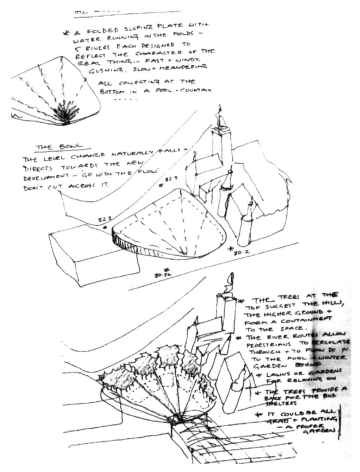

图 5.7　谢菲尔德和平花园设计草图 1 [96]

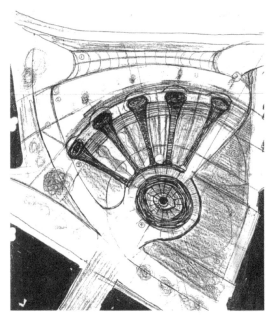

图 5.8　谢菲尔德和平花园设计草图 2[96]

图 5.9　谢菲尔德和平花园设计图[96]

5.2.2　视听综合感知案例视听模拟

在城市环境领域，声光两者都是波，但听觉有许多点与视觉不同（Porteous and Mastin 1985；Porteous 1996；Apfel 1998）。首先，视觉空间是由视线限定的，而声无处不在，声学空间没有明显界限，是球形的、四周包围的，声学空间听觉协和是时间的，而视觉协和是空间的。和其他看得见的东西相比，声音是瞬时的、变化的、没有中心的、定向和定位不准确的以及不易记忆的。因此，听觉是颇为被动的感觉。声音提供能动性和真实感，帮助人们获得时间在前进和空间尺度的感觉。与视觉相比，声觉常常带来较少的信息，但感情丰富，人们经常被一段音乐感动，因一些自然声如流水声和风吹树叶的声音而恢复情绪。索思沃思（Southworth，1969）发现，当听觉和视觉景物混合在一起展示时，由于对视觉形式的注意，降低了对声音的感觉，反之亦然。听觉和视觉的相互作用，尤其当声音与景物有联系时，给人陷入其中的感觉，使人感觉更加舒适。因此，听觉和视觉的刺激之间的相互作用很重要[97]。

为了研究案例中视听要素各自的具体情况，本节引用了谢菲尔德大学声学实验室的研究人员对和平花园附近街区的噪声地图模拟进行听觉问题的进一步研究。在视觉方面采用本书第 3 章所用到的 VGA 法进行视线的连接度模拟。

和平花园位于谢菲尔德市政厅附近，其人视点广角摄影照片如图 5.10 所示，在谢菲尔德和平花园的 EDINA 电子地图（见图 5.11、图 5.12）上显示的和平花园周边噪声地图和其平面图中，灰度表示声级、虚线圆标明调查的区域。从中可以看出广场中心的喷泉位置声音达到 75 dB 以上，此外，右侧的交通大动脉带来的噪声也大于 75 dB，位于和平花园左侧半周内的 6 个青铜器皿的落水的声音大约在 79 dB 的范围内。

基于空间句法中 VGA 法运用下的动态空间分析评测，如图 5.13 所示，人们视线最密集的地段为右下角的红色片区（交通大动脉上），然后依次呈环形向内收紧，显然和平花园可以给游人提供足够的私密与安静空间的视觉体验。

图 5.10　谢菲尔德和平花园[97]

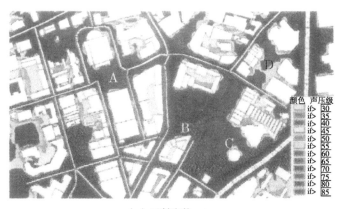

（a）反射次数：1

（b）反射次数：3

图 5.11　谢菲尔德和平花园周围噪声地图[97]

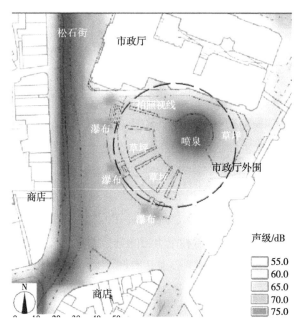

图 5.12　谢菲尔德和平花园周围噪声地图[97]

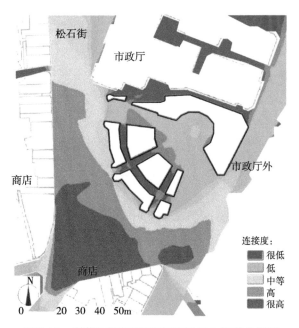

图 5.13　谢菲尔德和平花园空间 VGA 视觉分析图

5.2.3 视听综合感知特色的结合点

和平花园于 1998 年开放，面积大约 3000 m²，是谢菲尔德最大的公众化的公园之一，水景是它最吸引人的地方，中间是 Goodwin 喷泉的 89 个独立的喷水柱，非常显眼。和平花园西侧是一条繁忙的道路，通过的大部分车辆是公共汽车。

谢菲尔德大学景观系的城市设计和景观建筑方向的凯文·思韦茨和兰·西姆金斯老师带领学生调研得出的经验景观理论是建立在人与空间的交流基础上的。经验景观的核心在于空间维度上人的经验，关键在于理解经验的特点、解释景观的结构组织和运作，提出设计过程可能有助于更好地体验空间。中心、方向、过渡和区域被认为是户外空间体验的代表特征。如图 5.14 所示，谢菲尔德和平花园航拍位置和经验空间分析图中，红色区域的中心是喷泉，视觉设计重点以喷泉为放射形中心点；有四个转换点位于中心周围，沿着放射方向有四个临近区域与城市空间相连，形成了和平花园的经验空间结构。

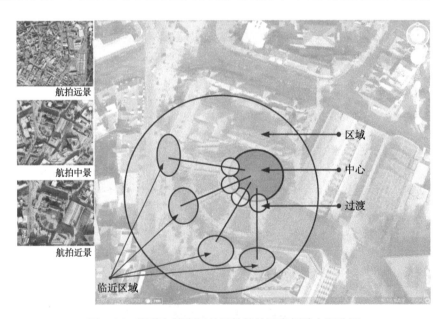

图 5.14　谢菲尔德和平花园航拍位置和经验空间分析

谢菲尔德和平花园视觉景观特色分析如图 5.15 所示，和平花园位于谢菲尔德市政厅南部，扩建部分呈现出对称布局且具有庄严的风格，这有助于与新建的花园焦点对称。市政厅和城市广场位置呈对应关系。这座花园最低点位置是计算机数控式舞蹈喷泉。城市公共领域项目的重建目标是完全为公民服务。因此，在这个位置的近邻地块设计了千年画廊（Millennium Galleries）和冬季花园（New Winter Gardens——大跨建筑）。和平花园将形成一个呈欢迎姿态的、阳光充足和遮阴的地方，整体呈窝形正对市政厅。广场内外总体高差为 2 m，市政府在最高位置，并沿着轴线呈扇形排列，最低点位置处的舞蹈喷泉形成了场所的中心，这个大空间是市政厅广场。花园边缘高处是石质栏杆。水从石雕塑沿着台阶跌落降到原始的水眼位置。水从巨大的钢器皿中喷出并沿着路径像小溪一样流淌在底部为螺旋植物雕刻的方形底座的凹槽内。溪流涌出的地方是仿生的叶子形状的陶器造型，出水口形式像丝线，水像被拉丝的织物一样细腻清透。0.5 m 高的草坪填充在每个分段的放射路径的水道中间。斜坡下面充满了灌木等植物材料。天气好的时候，草坪上挤满了晒太阳的人，人们在草坪上活动或休息。所有的设计形式都显出正式感，如倒圆角的细节处理和鼓形的栏杆等。弧线形的具有活力的八个水壶造型围绕的边界给整个地区以奇思妙想的灵感，似乎它们会唤起某些神秘的失落文明。

　　和平花园包括了一个很大的设计团队，绝大部分都是由政务会（Council）成员组成的。但是也聘请艺术家参与其中。设计的过程有很多公众参与和电视媒体介入，也有很多室内设计工程师以及公路、电子和结构工程师参与，团队招募专业人士，例如水景工程公司专门设计喷泉、水泵和灯光等。工程结构由海外承包商负责各个工种的协调。项目的每一个环节都是通过公众参与和商议实施的。对于工程品质提出的高要求使得慷慨的工程预算和很多技术难题得以解决和实施。材料的品质仍然是一个关注点，很多地区运用的仍然是条形切割的花岗岩。然而，要求的弧线形切割成本高昂，正如 Jill Ray 所说："切这些铺路石并找到他们的半径成本太贵了。"制条机做的铺路石结合浅黄色、粉红色、黑色灰色石头用于项目中，艺术家为了创造独一无二的花园所做的贡献是很明显的，夸张的曲线造型不是一开始就设想好的，而是在之后的讨论中逐渐形成的。圆形的大草坪的设计有着独特的目的，其被设计得便于人们舒服地坐着。倒角的边缘也限制了溜冰爱好者来此，因为他们经常会把尖锐的边缘磨碎。因为如果要象征铸铁的熔炉，水器皿不得不做得又大又圆。艺术家的很多想法是通过长时间的会议磋商完成的（见图 5.15）。Ceramicist Tracy Heyes 完成了基于叶子形式。

谢菲尔德和平花园声景特色类型调研结论如图 5.16 所示，在和平花园区域内，最能引起人们注意的声音是喷泉声，其次是交通声、建筑工作声、挖掘机声、孩子呼喊声和谈话声等。从噪声地图中可以看出，交通噪声形成的带状范围在交通大动脉上，位于和平花园的外侧，喷泉在场地中心达到 75 dB 以上的声级，其次是八个大型的铸铜落水口雕塑，达到了 65 ～ 70 dB，也证实了调研结果的可靠性。

案例的分析反映出视听感知的主要结合点如下：

（1）中央舞蹈喷泉的形态、颜色、水声与电子音乐声效果的视听融合效应，如视景分析结论示意图（见图 5.15）和声景类型调研结论示意图（见图 5.16）

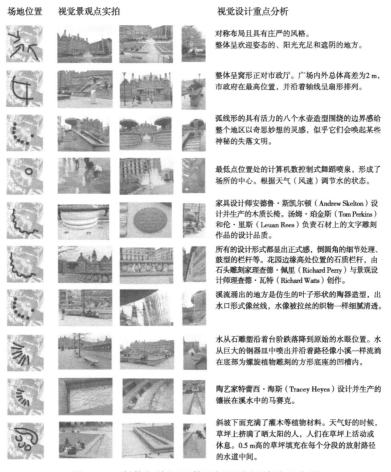

图 5.15　谢菲尔德和平花园视景分析结论示意图

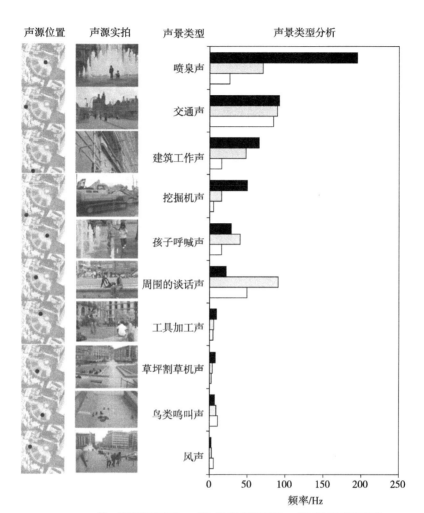

声源位置　声源实拍　声景类型　声景类型分析

■第一次注意的声音　□第二次注意的声音　□第三次注意的声音

图 5.16　谢菲尔德和平花园声景类型调研结论示意图[97]

所示。为了回应公众对喷泉的需要，水景工程公司专门设计了喷泉水泵及其配套的灯光，并设计了成排的从地平线涌出的喷射水柱，但并没有聚集水池散落的水，也就是旱喷泉的做法，这保证了这里在不喷水时也是休闲空间的概念。虽然水像溪流般地流向喷泉，这里仍然有两个分开的环路系统。虽然显示的表象是高处的八个大容器中好像蕴含很大的水量，但是，真正的储水池在地下。系统中有独创概念的特色是根据天气调节水的状态。一个风速计附带一个灯柱测量风速和启动一个关闭的过程。当天空晴朗时，所有的系统正常运行；当风速开始升高时，出水口的水流减少，喷射的高度也降低；当遭遇大风天气，虽然水仍然在流动，但是，出水口和喷泉停止供水，因为过量的喷射与随风飘洒在英国天气的作用下，经常是个问题。

（2）和平花园内外地势高差 2 m 带来了交通噪声屏蔽的声音效果。噪声源被障碍物阻挡，阻止了噪声源与接受者的视线连接。因此，创造了一个声阴影空间。和平花园 2 m 高差导致噪声屏作用的原理：当声波遇到障碍物时，噪声衰减产生，如图 5.17 所示，Kurze-Anderson 公式如下：

$$\Delta L_B = 5 + 20\log\frac{\sqrt{2\pi N}}{\tan h\sqrt{2\pi N}}(\text{dB}) \qquad （5.1）$$

式中：N 为菲涅尔数（$0.2 < N < 12.5$）。

噪声源与接收点的关系如图 5.17 所示，λ 为波长，f 为频率，且 $N <$ 12.5，实验数据值显示 24 dB 是上限。噪声屏、声源与接收点位置关系如图 5.18 所示，如果噪声屏的阻碍高度对比声波长足够大，那么此时噪声屏是有效的，其他的情况则是在衍（绕）射效应下，没有效果（事实上是透明、无遮挡的情况）。因此，必须延长侧边至足够长才能阻止衍射发生，才能起到噪声屏的作用。

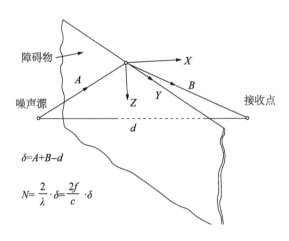

图 5.17　噪声源与接收点的关系计算公式

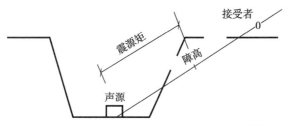

图 5.18　噪声源位置与接收点的屏蔽效果图[99]

（3）八个主要水景雕塑的造型设计和丝线般水体下落时产生的巨大水声与灯光的协同配合效果。灯光概念由 Equation 提供，三组灯光建议被采用，这三者能提高花园的审美水平和水景灯光与市政厅的交相辉映的效果。基础的灯光布置结合了信号灯的布设。宜人的灯光在水平面下是作为整体设计的，随着台阶层层照射。水下的灯光对水的照射肌理效果与容器内倾倒的丝般质感视觉效果非常不同，植物纤维的灯光效果在水下显现，由于水流能量不大因而清楚可见。

（4）和平花园环状绿化隔离带的四季视觉效果与草坪植物本身的降噪作用相结合。如视景观分析结论示意图所示，谢菲尔德和平花园四周的乔木与灌木搭配的绿化配置是屏蔽噪声的又一种手段。

此外，除了这个案例给出的上述视听结合的启示之外，由谢菲尔德大学建筑学院的尤利娅·斯梅诺娃（Yuliya Smymova）和康健在 2009 年 *Euronoise* 上发表的题为 "*Determination of perceptual auditory attributes for the auralisation of urban space*" 的文献得出部分听觉与视觉对城市空间贡献的结论如下：城市声音环境表现出来的声音感知在很大程度上是依靠声场的强度和位置。通常是交通声，但是有时也有其他声源。例如喷泉，如果占主导地位的声音是低强度的，而且远离观察者的位置，听者倾向于区分某种相关于空间听觉特色、空间品质和声源特征的属性。然而，相反的情况是听者接收到比较大的主导声，且仅仅有很少的空间属性接受时，空间中的视觉出场能使人们更清楚地意识到声源的物理特色。也就是说，时空的动态性和声源的大小有助于增加空间的感受力，使人们更容易融入环境。

研究在比较了两种不同的实验后，得出的结论如图 5.19 所示，城市声景的主观评价：当只有声音出场时，城市声景知觉的重要性体现为空间的开合、回响和丰满度；声源的音质感，如声音的清澈或遥远；空间的喜欢和讨厌感。当视觉和听觉同时出场时，空间的回响和丰满度，音质的清澈度，距离、动态感、声源的大小，空间的喜好与厌恶，融入空间的感觉成为重要感受要素。

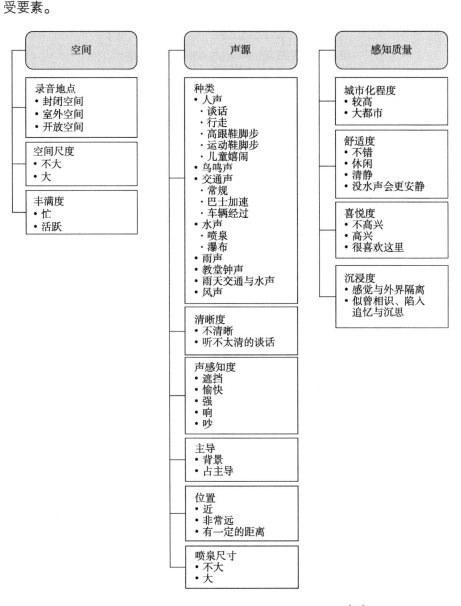

图 5.19 城市声音与视觉主观评价的过程分析图[98]

178

5.3　城市景观视听感知评估方法的启示

什么样的景观环境是舒适的？视觉和听觉的舒适性如何测量？户外景观的视听舒适标准是什么？利用哪些人工技术可以实现景观感知体验的评测？这些问题都是视听感知体验研究的重点。本书第 1 章已经谈到国外关于景观领域期刊主要刊登的文章以大尺度景观的评价与优化居多，城市区域也多是运用 GIS 卫星定位遥感、航测技术和区域数字化图形处理等方面的研究成果来分析地理数据。神经生理学、认知科学、环境心理学、模糊数学和数字信息化技术集成的发展，推动了相关城市中观或微观景观评测的科学化进程。结合全书的研究经验，作者认为城市景观视听综合感知评估方法的启示主要有定量、定性和综合评估三方面。

5.3.1　城市景观视听感知定量评估的启示

对比城市景观而言，建筑评估系统用来量化评估建筑的可持续性，例如，谢菲尔德大学建筑学院收集了谢菲尔德大学艺术塔（学校的高层办公建筑）的建筑资料，运用一定的评估系统（如 LT Method2）进行评估和再设计，并利用气候敏感设计方法侧重于气候设计学的评估与设计。其课程利用一些分析方法（例如 Mehoney table）分析了城市地域的气候条件并对当地建筑设计提出大致的设计思路等。类似的城市景观感知体验的研究必须能够建立在科学的基础上，作者亲自在伦敦、柏林、布拉格、巴塞罗那、威尼斯和巴黎等城市的中心区的内街上调查，结合基于空间句法中 VGA 法运用下的动态空间分析评测得出结论（见本书第 3 章 3.3.2）。此外，作者还基于空间句法中 VGA 法运用下的视觉动态空间分析评测（见图 5.12），论证了人们的视线最密集地段与遮挡地段的量化分析，显然和平花园可以给游人提供足够的私密与安静空间的体验。

本书第 3 章城市空间轴线的视觉差异评测部分运用的是基于城市形态学研究领域 GIS 系统的主要软件平台 Arcview3.0 外挂程序，它可以实现空间句法空间模型建构过程及其主要分析运算。借助内设在 Arcview3.0 中的分析模块 Axwoman，软件可以通过运算得出关于城市区域空间的一系列相关变量。具体做法是对欧洲六座城市的道路绘制边界图，对照 GIS 航拍图进行基地道路宽度和建筑物的进一步详细绘制，然后应用 Axwoman 对城市的轴线进行计算，得到各个变量的值。部分轴线空间的统计分析数据见附录 2。

在第 3 章中，作者运用眼动仪测试法对案例节点进行了眼动轨迹数据测量计算。测试过程中，眼动仪首先对头动进行补偿计算，但是，即便眼动仪允许用户自由活动，也有一个规定的头动范围，比如 Tobii X60 和 T60 型号的头动范围在 44 cm×22 cm×30 cm（长×宽×高），而 X120 和 T120 型号的频率高、允许的头动范围更小，为 30 cm×22 cm×30 cm（长×宽×高），测试时应保证用户的头动幅度在此范围内。而在定标时，则应允许被试者在规定范围内的头部移动，在定标阶段将头部移动纳入考虑。基本的注视点统计指标包括注视时长和注视点数目，它们均可以作为因变量来研究各个页面区域、感兴趣区域或实验条件的影响。同时，如果对用户的注视轨迹进行编码，也可以分析轨迹规律。总之，利用这种定量测试与软件分析方法是作者运用心理认知学的仪器研究城市景观空间的首次尝试。

在第 4 章中，作者运用了一些定量方法进行声感知评测。例如，作者采用的开放式访谈评估被访者的声景主观感受。声感知的性别差异研究采用了语义细分法，具体做法是将被试者的态度分为七个等级。研究将语义分析中常用的声形容词作为语义分析指标，其中包括覆盖声感知喜好的安静度和舒适度，可以代表城市环境中声音内在语义的有趣度等。数据用统计学分析软件 SPSS 进行描述性统计分析、相关分析和 t 检验分析等。

在第 5 章中，引用了谢菲尔德大学声学实验室对和平花园及其周围片区的噪声的调查和软件分析图。通常情况下，噪声地图是由不同颜色的噪声等高线、色带或网格形式呈现出来的。它是在声学仿真模拟原理的基础上通过软件运算分析，再经过实地测试数据并校对后生成基于建筑立面或空间平面不同背景下的噪声数值分布图的过程。简言之，噪声地图是一张集合了建筑分布情况、公路、水路、铁路、机场、地理信息和声源数据信息等状况的数据分析地图。研究中运用噪声地图发现谢菲尔德和平花园案例的声影响因素，并利用声景特色类型调研进一步确认了声类型的准确定位，从而为场地的声景优化指明了方向。

此外，除定量方法外，较常见的一种定量方法是多维尺度分析法（Multidimensional Scaling，MDS），它的运算是通过将目标距离和对象的差异评价等同转换，将目标距离和低纬空间的点距离充分拟合，研究所要达到的理想状态是发现并判断几个事物的若干潜在规则（或基准）。图形的维度和标准的个数是相对应的。如果观察潜在变量的构成图，可以看到每个点代表一个客观对象，如果两点之间的距离越近，说明对象特征就越类似；如果两点之间的距离越远，则表明对象之间的差距就相对越大。如果仅仅利用相似性数据的排序信息，则为非度量多维度分析（简称 NMDS）。Kruskal 曾提出用于衡量原始数据的相似性与最终距离之间的单调关系的量度，这个量度被称为压力，定量表达如式（5.2）所示：

$$q = \frac{\min\sum\limits_{i<j} d_{ij}(X) - \hat{d}_{ij}}{\sum\limits_{i<j} d^2} \tag{5.2}$$

式中：$d_{ij}(X)$ 为空间 X 中 i 和 j 两点间的距离，称为模型距离；$\hat{d}_{ij}$ 为建模空间 i 和 j 两点间距离的估计值。

压力准则函数尽可能地小，通过算法拟合曲线使压力达到一定标准即可确定多维空间的维度数[99]。

另还有一种是以大众为主的评估方法，即基于心理物理学的研究方法[100]。这种方法始于 19 世纪中期，主要是研究知觉对刺激的反应互动：通过测试被试者自觉反应和非自觉反应（例如瞳孔放大和心律不齐），人们对视觉对象的审美特性、平衡性与复杂性方面的差异进行对比。随着人们不断对环境问题的关注和对提升环境质量的要求，环境心理学逐渐采纳这种心理物理学的研究方法去实践环境美学的研究。其中，评估景观的物理特性时就利用统计模式理论对诸如植物的密度和高度及其神秘性等级等问题进行了测量[101]。还有很多研究是关于不同民族和国家之间景观审美差异的研究[102]、景观美感的意向[103]等。此外，人们对感知稳定等问题的反应维度也是研究的分支之一[104]。

在西方，类似上述景观美方面的评估（定量研究部分）已经有几十年的历史了，进行的大量评估产生的结论和偏好已经应用到了各种景观实践中[105]，且表现在具体法案的采纳上，其中美国《国家环境政策法案》就明确地表示了在实践层次上景观价值的关键性等同于经济价值。斯蒂芬·谢泼德[106]创立了视角理论。苏珊·戴金[107]指出评估资源管理的审美价值要用体验式的方法。美国农业部林务局1974年颁布的《视觉管理系统》（VMS）中体现了多样性的理念特征，VMS是以专家意见为基础的景观评估系统，即由受过专业训修并具备必要知识的景观设计师来认定视觉景观的价值。

5.3.2　城市景观视听感知定性评估的启示

定性研究是对社会现象进行整体性观察。这就意味着定性研究着眼更加宽广，有全景式的视野，而不仅仅局限于微观的分析。叙事越复杂，越具交互性和包容性。定性研究的效果越好，处理过程或中心现象的多层面可视模型越可以帮助研究者建立这一图景（Creswell & Brown，1992）。

定性的研究方法主要有叙事法、现象学、民族志、个案研究和扎根理论。这是比较常用的五种方法。本书中主要运用了扎根理论和个案研究法。

本书第4章中，作者运用扎根理论分析数据，即运用系统化的程序，将从资料中初步生成的理论作为下一步资料抽样的标准。定性调查主要是质的研究，关于事物本身特性的理论抽取。由于定性研究是自然浮现的，信息收集的过程可能会随着收集渠道的"开关"不断产生变化，研究者要首先意识到访谈的场景是否有利于被访者深入地畅谈被了解对象。所了解的一般模式才会从大量的初始编码中浮现出来。因此，要特别注重样本的真实性和合作性。在本书第4章对当地居民进行声景体验的调查过程中，由于老年人的听力和视力原因，访谈几度中断，不得不放弃采访。由于涉及个体身体状况、情绪和文化差异等因素意外中断也是大概率事件。因此，其中的艰难是显而易见的和不可预测的。

个案研究法是较为普遍的定性研究方法之一。它通过实地观察、人与人面对面交流、设备录音（或其他记录方式）、收集文献资料（文字或图片）、描述性统计分析、摄像影片采集、软件测试等多种方法，一般是采用实地考察调研的方式写出调研报告来研究某个个体或者群体行为的一种方法，也就是案例研究法调查的全过程。

本书多处融入了个案研究法。例如，第 3 章（3.2 节）结合威尼斯调查的案例说明视觉金字塔层级认知模式，以及（3.4 节）布拉格历史中心区视觉景观案例；第 4 章（4.4 节）谢菲尔德城市声景特色案例；第 5 章（5.2 节）和平花园城市广场视听结合的案例都是个案研究的方法。

此外，被广泛提及的研究方法还有现象学，它普遍存在于地理学家的研究中，起到了对景观感知研究的促进作用[108]。现象学方法包括直接体验和历史评价，人种学研究方法也与偏好评估和社会调查一同作用，从而一起建构一种整体的景观感知的研究方法。总之，定性研究总是进行系统思考，那些对偏见、价值观和利害关系的自省和认知代表了当今世界定性研究的发展特征。个体与研究者已经变得不可分离，这表现了研究的真实性与开放性（Metens，2003）。定性研究中，归纳法和演绎法被反复使用，从数据的收集到分析问题的重构，往复循环。

5.3.3　城市景观视听感知综合评估的启示

关于景观视听感知体验的范围当然不是单一的某几种定量和定性研究方法能涵盖的，它们是与潜在的景观视觉和听觉经验所带来的生理和心理过程紧密相连的。涉及人的生理和心理层面的研究则更多的是定性研究和定量研究相结合才能正确评测人主客观感知的各种体验。

本书中多处运用两者结合的方法分析案例。例如，第 3 章布拉格历史中心区视景案例分析中运用了定性的案例研究法，同时，在视觉节点分析中运用了定量方法中的眼动仪测试法；第 4 章谢菲尔德城市声景特色案例研究中就运用了调查问卷中的定量研究方法，即语义细分法，也运用了定性的扎根理论法；第 5 章和平花园定性调查案例研究中分别运用了城市广场视听模拟软件的定量研究法。综观全书三个主要案例，都综合运用了定性与定量相结合的方法，以更准确地接近研究目标的源真性和保证更加科学合理的研究过程。

帕森斯（Parsons，1991）和他的伙伴主要从事与联系景观审美经验和生理变化相关的研究，假定有一种存在于神经病理学路径与不同的景观反应之间的关系。在人的大脑中，在神经影像技术的协助下，能否绘制存在审美经验的时空地图？例如，富于启发性地探索在景观的感知中五种官能感受的途径认知和影响是如何相互作用的。进一步来说，大脑印象法的使用有助于发展对于景观感知线索的最好理解，或是对景观要素和激发景观审美反应的经历等问题的理解。简单地说，用实验测试人类对周围环境的反应，是理论家借以接近景观美学本质的途径。

定性研究方法中被称为逻辑实证主义前身的是经验主义，我们能够看到经验主义的方法至今还在作用于自然科学，因为自然科学的方法也是以经验主义为基础的，正是在传统观念的影响下才诞生了目前的自然科学。在20多年的一系列经验主义调查中，环境心理学者蕾切尔·卡普兰和史蒂文·卡普兰（Rachel and Steven Kaplan）夫妇一直尝试确定什么是包容了丰富信息的景观特性。最终，他们所确认的四个特性是复杂性、一致性、可读性和神秘性。这些特性的分类是按照他们直接提供的信息量和人类在对其进行进一步的探索中可预知即将面临的信息量来划分的。例如，复杂性显而易见地表明了一个场景是值得进一步研究的，神秘性指的是进一步的探索将会得到进一步的信息，一致性和可读性都是有助于理解所获得的信息的特性。运用以上四个特性对真实景观进行研究得出了一些结论，这些结论将人类的景观喜好归为两大类——一类是容易解读的空旷景观场景，另一类是包含某种神秘元素的场景。总之，可读性和神秘性被证明是与景观喜好相关联的特性，即景观既要具有可以被辨别和理解的特性，又要具有可以不断地探索和包含着无穷信息的特性。神秘性就是包含着最丰富的信息要素的体现，这一特征印证了人类是渴望信息的生物，经常去寻找新的更适于生存的环境和新的知识的这一论点。有限的复杂是一个良好的环境拥有的最合理的特征。人们对含有植绿化和水域的环境、对有良好纵深视野的环境具有某种特殊偏爱，这是人类行为过程模式研究者的研究结论。信息处理理论认为人们对能够提供复杂和神秘感、连贯和有序、清晰和可读的景观也具有某种程度的偏爱。信息加工理论是卡普兰夫妇提出的，主要思想是从信息交流的媒介和模式出发，探索美的景观所应有的复杂度。正是人类处理大量信息的能力给予了人类超越其他竞争者的可能。

基于上述三种研究评估方法的基础，国家会以法案的形式具体体现其应用价值。美国的一系列环境法案的出台说明了这些研究的重要意义："二战"

后的美国进入一个环境大变迁的时期，"二战"后的生育高峰使得人口快速
增长，大面积农药和杀虫剂的使用促使农业大发展，这些都促使大量的农村
人口涌向城市。城市对新鲜空气、水和土地等自然环境资源的承载力严重不
足。20 世纪 60 年代，美国人的环境危机意识日渐攀升，其中以保罗·欧
里希的《人口爆炸》[109] 出版为表现。1969 年，《国家环境政策法》（NEPA）
出台，它的目标是保证社会科学、自然科学和环境艺术的融合，而且需要运
用一些方法把尚无法量化的规划和城市景观魅力或美学价值加入规划考虑的
范畴。其实，在 NEPA 出台以前，景观的审美价值就被人尝试运用于城市规
划的过程中，代表人物是伊恩·麦克哈格[110] 等人。自《给特定性编号：正
在崛起的景观评估者》出版以来，景观的评估模式有大致两类：一类是以专
家学者判定为主，另一类是以公众偏好为主。以上二者能够在美国的相关法
案《视觉管理系统》[111] 和《风景美评估方法》[112] 中找到出处。美国农业
部林务局 1974 年颁布的《视觉管理系统》（VMS）一直被当作说明本国景
观视觉上的美学特点的方法。美国农业部林务局也有很多导言论述了林务局
关于景观管理的执行状况（例如美国农业部 1977[113]、1980[114]、1987[115]
年的导言）。新版《视觉管理系统》[116] 除了过去对风景美学的管理理念之
外，还融入了技术和理念精细化的特性。总之，这种技术评测对于景观的理
念控制具有更加有效的实际影响，这一点在美国 1974 年版《视觉管理系统》
中已有所体现。

5.4　欧洲城市景观视听感知研究对我国的启示

　　我国的景观发展在经历过改革开放初期的技术知识相对匮乏和材料技术
含量较低的阶段后，又经历了现代信息技术初步发展的洗礼，才逐步走向国
际化发展的道路。然而，我国的现实是仍然有大量国内的国际招标项目由国
外事务所承担设计，我国只承担施工图部分，这反映了我国与国外在理论层
面的差距要远远大于在施工技术层面上的差距，这无疑已经成为一个无形的
影响我国设计实践创新的瓶颈。因此，从实践意义层面上看，提高设计理论

的关键是了解什么是人们喜爱的环境，即良好的景观感知质量。所以，对景观基本感知体验理论的探索研究显得基础而迫切。因此，本章就欧洲景观的视听感知研究的过程与结论谈谈对我国城市景观的启示和策略，旨在为我国的城市建设提供有益的借鉴，因为积极的景观视听感知经验对社会和个人的意义重大，对国家的和谐发展具有重要价值。

5.4.1　基于视景感知体验的启示

我国虽然已经有很多针对城市的自然地形地貌、资源、技术、文化、风俗和习惯等方面进行的城市问题研究，但是基于视觉感知体验角度的系统研究方面还比较欠缺。因此，作者基于视觉景观调研和评测的过程及结论探讨视景感知设计实践应该遵循的四点建议。

5.4.1.1　我国城市范围视景特色评测研究的必要性

从本书第 3 章的布拉格视觉特色案例可以得出，微观层面的建筑形态造型与肌理演化，中观层面的城市景观区域、轴线与节点的视线关系，以及宏观层面的城市景观空间结构框架的控制系统是一座城市视觉景观特色规划的主要内容。布拉格视觉特色案例能够感染我们，不仅仅是因为它的艺术气息，还在于随处可见的艺术画廊和古迹带来了最大限度感官的满足和愉悦，城市本身的精神力量比一切物质表现都更加神奇：一方面，从对历史建筑群的整体保留到新建建筑造型的历史文脉继承，从景观序列的变幻感知直至建筑艺术作品中对"童话城市"精神的延伸，城市建设中处处体现了对本土文化根性的执着，即"源"的价值追求；另一方面，城市整体环境体现了进化中的布拉格景观正在经历相互依赖的生命感知和交换过程，这里自然和艺术变成了一个对话的整体，有意识地保护这种时空的改变是每一个进化中的城市都应有的态度。然而，在我国大量的城市中确实看不到进化的轨迹，原因并不是我国学者没有探索出我国的城市特色的科学之路。早在 20 世纪 90 年代初期，我国建筑学领域有一大批仁人志士致力于 21 世纪中国城市的科学问题研究。著名科学家钱学森提出了"山水城市"的理念，顾孟潮先生的《奔向 21 世纪的中国城市——城市科学纵横谈》谈到了 21 世纪中国城市向何处去等问题。他在《建筑学报》发表的一篇题为《城市特色的研究与创造》的文章中说道：钱学森教授在 1990 年 4 月 21 日、1990 年 7 月 31 日和

1991 年 12 月 16 日分别写信给鲍世行、吴良镛和梅保华先生，提出了创建"山水城市"的理念。顾孟潮先生在对钱老提出的"山水城市"理念进行了科学的研究后，指出这种想法也可以作为中国对国际上所提出的生态城市的新理解，并对中国特色目前面临的危机阐明了自己的看法。他说目前在中国大开发的建设时期，中国特色的危机形势非常严峻且值得思考。我们要冷静探讨城市的特色与未来的定位。那么，纵观历史文化显得尤为必要。

　　一段时间以来，我国并不是没有视觉特色的理念，而是多数城市没有认清城市特色的本质，盲目贴标签以制造所谓"特色"。对此，顾孟潮先生在《城市特色的研究与创造》中提到片面追求城市特色的"误区"主要表现在四个方面：

　　（1）急于制造特色（在没有经过科学系统规划和整体施工设计的前提下，便匆忙开展立城标、大建古街和古城楼、复建城墙等盲目的制造城市特色的行为）。

　　（2）规定城市特色（在没有经过科学论证城市整体设计的情况下，就对道路和沿街建筑物的高度、立面、装饰和颜色等细部制订硬性指标，缺乏理论与科学依据）。

　　（3）模仿城市特色（主观地认为设计师应该对某个著名建筑或是大师的作品、民族民间的某种符号模仿和借用，想要靠模仿来制造城市特色）。

　　（4）以怪异为特色（以新、奇和怪等多元风格为追求目标，在建筑的材料、形式和颜色等方面运用花哨的手法追求一个房子一个样、一条街一个样等奇怪的城市特色理念）。

　　文章中，顾先生还就城市特色是不是制造出来的进行了详细的论述，因为人往往急于想知道怎么制造特色，但是，对城市特色的来源却知之甚少，也就是顾先生说的只注重"流"，但是不注重"源"。所以，普遍问题是"流"的多元化特征明显，就是主观性的制造产生的事物多，但是靠自然生长（靠客观规律孕育）的少之又少。这样的例子比比皆是，从对待一棵树的理念或一片自然水塘的观念就可以窥见一斑。顾先生文章中特意指出了城市特色是"天人合一"或是集体智慧的创作。就像《马丘比丘宪章》（1977年）中所提及的："一个城市的个性和特征是其形态结构和社会发展的共同结果。"

所以，视觉特色的提升不是表面上的视觉的怪、新和奇。一切外在的和谐都是内在和谐的结果，世界就是由一个个如生命体般的城市所构成的，提高整体环境的内在本能是城市发展的根本方向。例如，从首届中国国际古城古镇古村博览会新闻发布会上获悉：据权威部门统计，目前我国有上千年历史的古城镇5000多个，迄今为止已被充分开发的仅180多个。其中绝大多数尚未得到充分发掘，其中蕴藏的深厚民族文化遗产亟待保护和传承。这些古城镇分布在我国大江南北的各个角落，涉及所有中华民族繁衍生息的文化地理区域。我们采用古城保护更新的手法也许与国外不同，但在思想层面上对人类历史保护的基本理解应该是一致的。

5.4.1.2　视景设计实践上应该遵循金字塔层级逻辑

　　由第3章结合威尼斯的案例与层级思想的探索可以看出，我们的视觉感知所体验的和所追寻的其实是一个开放的具有一定视觉感受层级的能够不断发展的经验秩序。一个美的环境是如何产生的？城市景观是一个大的记忆系统，人们对特定环境有一定的共同记忆和符号理解，这些共同记忆和符号源泉被联合起来形成群体的历史和思想记忆。在马斯洛需要层次理论和维尔伯意识谱理论的基础上，结合威尼斯实地调研的视感知体验，指出视觉景观感知的金字塔层级理念：A阶段为视觉尺度感知体验，B阶段为视觉秩序感知体验，C阶段为视觉动态感知体验，D阶段为城市意象感体验，E阶段为美学评价感知体验。它们的关系遵循金字塔形的体验顺序，由低层体验到中层体验，再到高层体验。

　　通过结合威尼斯的案例分析可以得出，整座城市的人性场所尺度、视觉秩序、动态体验、城市意象和美学评价五个层面上呈现出的视觉感知的经典性值得我们思考和借鉴。结合研究结论，凸显出我国城市景观发展所面临的问题：城市广场基本尺度失衡（如非人性化尺度的街道和广场问题突出）、视觉秩序混乱（如城市规划中色彩规划上的欠缺）、动态体验不足（如注重行车道路空间开发，疏于考虑人行模式的体验）、城市意象混乱（千城一面）、具有高美学价值的城市案例较少（如对城市景观细部欠缺艺术设计的深度）。要解决上述五方面的问题，应以"人性化城市"研究为基本出发点，关注人们视觉感知体验的基本层级需求，并遵循由低层到高层的金字塔形的逻辑顺序，依次进行城市景观视觉感知体验五个层面在设计实践上的探索。

5.4.1.3　视觉感知评测提升需利用 GIS 等软件平台

本书第 3 章城市景观视觉感知差异评测部分，通过在 GIS 下提取轴线地图、建立单元空间的拓扑关系以及连接图，采用伦敦大学空间句法实验室的软件资源分析了伦敦、柏林、布拉格、巴塞罗那、威尼斯和巴黎具有代表性的视觉景观区。分析内容主要涉及空间的连接值、深度值、集成度和控制值等，目的是探索欧洲城市不同地区景观中视感知的基本特性。因为这种参数化工具在分析城市的空间构成要素的时候，能用来预测或模拟空间的视觉连接或控制状态。评测差异的目的是分析城市的发展脉络、景观视觉通透性和连接度等问题。所以，在城市空间中运用 GIS 或其他数字模拟软件已经形成了趋势。因为只有充分了解一个城市景观的基本现状，才能做出景观的视觉优化和调整；只有充分了解基地的地理信息基础，才能探讨建设和提高景观品质。此外，作者认为视觉质量的提升不是量化的模拟仿真手段就能完全解决的，特别是城市中的人文要素（无法量化的内容），应该借鉴本章 5.3 节研究方法中的定性研究或综合研究法。但是，综观比较明显的研究趋势，还是定量化的手段占绝对优势，因为其操作性较强。要解决城市景观的品质提升问题，不仅是空间的视线连接度和通透性的问题，还有类似于视觉的喜好、视觉感知品质和视觉感知接受度等更详细的指标确认。不同层级的空间管理（廊带尺度、区域尺度和基地尺度）、不同尺度所用的分析工具也是不一样的。例如，英国政府在文化资产的维护方面，基于 GIS，把全国景观资料库分成 159 个景观分区，透过大规模的叠图分析指认空间中有价值和具有发展资源的景观区域，拟定每个景观空间具体的发展策略性规划，景观视觉规划是其中的内容之一。

5.4.1.4　城市视觉景观节点设计遵循眼动视觉规律

通过第 3 章布拉格景观节点分析眼动仪实验得出规律性结论：

（1）人们的视觉总是找最具有特色的景物，具体表现为在形态、方向和颜色上对比明显或突出的景物容易引起被试者的视觉持续关注。

（2）复杂度高的景物，人们愿意长期观看（持续关注）。

（3）相比于建筑或景观，人更愿意看人（尤其是人脸的部位会得到更持久的关注）。

（4）被试者更愿意看建筑的穹顶、立面的中心线、街道的尽头、商店门面的中心靠上位置。

（5）位置相对突出的景物容易被持续关注。视觉的愉悦度和舒适度与视线位置有关，因此，人们的视线所聚集的地方是最具有价值的设计点（比如对景）。

（6）如果整个画面都是特殊点，那么，只有中心位置可以得到更长时间的持续关注（原因可能是都是特殊点，便没有特殊点，那么，人们倾向于找最容易得到的点，位于视线中心，不必转头或转动眼球）。

（7）一个景观画面（即立面图或透视图）不能有太多关注点，人一般可接受约2个关注点，2个关注点或1个关注点较为普遍。就设计价值而言，超出4个关注点就会引起人视觉的疲劳，导致不能专注。

（8）要想成为关注点，应该具备特殊和对比效果的呈现（无论色彩、形态还是方向，其中任意一个要素或两个要素的组合形成特殊对比点都可以使之成为视觉持续关注点。不过，这一关注点的设计必须精细和考究才能吸引人持续关注）。

（9）人更愿意看人，在设计景观时应该更多考虑人停留的便捷性，应该努力营造人性的空间氛围，例如用购物、表演和餐饮等方式吸引游客。如果是雕塑设计，必须对人脸给予更高的细部刻画，因为脸部位置更能满足人的视觉需求。

（10）建筑的穹顶与立面的中线是最容易引起人关注的点，应该在设计之初重点构思这两方面的方案。

5.4.2 基于声景感知体验的启示

任何一个民族的文化都会不自觉地被反映在本国的声景中，这些声音能够被空间中的收听者文化性地鉴别出来，并创造出与空间相关的某种意象。声景设计不仅仅是噪声的控制、当地文化的展示和现代化的产物，更多的是当地人对地方历史文化感需求的满足[76]。声景的定性和定量调查结果作为当地人对城市声景文化理解的意愿，对于整个城市环境的未来规划有着重要的参考价值。

5.4.2.1 我国城市范围声景特色评测研究的必要性

本书第4章城市声景的特色研究过程集中反映了声景感知调查的原初

目的，听觉污染问题使居民普遍受到困扰。现行的城市规划建设是否应该
考虑居民的听觉需要和地区的声景特色？在我国有很多针对城市景观中历
史风貌特色保护方面的研究，而少有关于城市声景特色保护和研究的案例。
即使是常见的城市详细规划研究中也较少触及城市声景特色的内容。而在
欧洲，城市声景特色研究已经成为欧盟重视的研究课题之一。我国面临着
城市的"同质化"危机，越来越多的城市特色正逐渐丧失。在中国这个历
史悠久和有自己独特民族文化的国度，以声音为表现手段的非物质文化
遗产是"活"的文化，也是中国传统文化中最脆弱的部分。并且，我国
土地幅员辽阔，环境资源和人文资源极其丰富，只有进行大量的基础评
测和声景资源确定与保护的研究工作，才能缓解逐渐消失的城市环境特
色危机。

5.4.2.2　声景设计实践应该遵循声景理念的五范畴

由本书第 4 章声景理念扎根理论的程序分析得出声景理念的五个范畴：
①声景定义，②声景记忆，③声景情绪，④声景期待，⑤声景审美。其中，声
景定义主要描述人的主观评价对声景的基本感知理解。类属之间的联系以声
景的认知为核心，对它的理解按照时间顺序分成三段式：声景记忆表现了声
景历史的印记，声景情绪表现了当前的声景现实，声景期待说明了对声景未
来的渴望。这三部分在潜意识的声景审美上被分别反映在三个时间段。声景
审美是我们潜意识里的意念，在研究中，潜意识和显意识一起组成了完整的
声景体验模式。

在声景的设计实践中，为了满足人们对声景的认识理解的需要，我们应
从上述五个方面入手来进行设计，即调查研究的基点是居民对城市的声感知
理解的五个类属。例如，在第 4 章的声特色定性调查中，案例调查结论反映
了上述五个范畴中的两部分，即声景历史意象和声景未来意象，并提出为了
城市声景的可持续发展，要兼顾人们对城市的历史声的理解和对未来声感受
的要求才能设计出居民满意的声环境。

5.4.2.3　声景特色保护需要走定量定性结合的路线

第 4 章集中反映了城市声景感知调查的定性和定量结果。之所以将两者
结合作为研究方法，是因为虽然在社区噪声控制方面，欧洲已经出台了相
关政策，做出了极大的努力，但是，相关研究表明降低声级并不一定带来城

市的声舒适[118]。例如，在城市公园，当声压级低于一定值（约 65 dB）时，人们的声舒适度就不再仅取决于声级，而声音类型、个人特点及其他因素起着重要作用[119—123]。在论证城市的声景特色与声景意向的问题（即以人的体验作为研究重点）时，没有一种研究方法能涵盖所有问题，所以应强调方法的多样性。例如，已有研究项目中声感知的定量评测部分可采用语义细分法[124]；此外，还有运用人工神经元网络法（ANN）对城市声景进行主观评价的研究案例[125]。总之，人们的声环境意识涉及物理、社会、文化和心理等诸因素的相互作用，声环境和个体特征的复杂性导致了研究方法必须走定量和定性相结合的研究路线[126—129]。

5.4.2.4　声景特色评测涉及整体环境特色保护规划

声景调查的最终目的是服务于建设真正具有地区特色的整体城市环境。史密斯（Smith）说城市特色认定不是一个单纯设计方面的城市特点鉴定，而是基于解释和讲述一个收集过程的结果，这个过程取决于政策制定者的操控。所以，地区特色应该具有城市发展策略层面的意义。规划的关键是创造、再现或塑造一个地区的特色。通过多样化的活动、感觉和意义共同融合形成了地区性的识别特征[130]。吴良镛在 2002 年《建筑学报》的文章《基本理论、地域文化、时代模式——对中国建筑发展道路的探索》中表明：我国存在着城市建设混乱和城市建设实践缺乏理论指导等诸多问题……建筑学理论与发展方向的探索既显迫切又属根本，解决途径之一是地域文化全球趋同形势下，发扬不同地域的多元文化特色[131]。环境本身就是一个融合视觉和听觉的综合体，城市规划研究应该包括城市声景的特色规划，城市结构优化方案中也应该加入声景特色评估的内容和建议。在全面考虑城市诸要素的共同协调作用下，才能保证城市的平稳、和谐发展。

5.4.3　基于视听感知体验的启示

基于上述心理认知科学领域中人脑对视听刺激的互相干扰和整合行为的相关结论，作者认为人的视听感知本来就是互相结合和协同作用的。因此，本书尝试将城市景观作为研究对象，把人的视听综合（或混合效应）体验作为研究探索的重点。景观价值的真正内涵、真实性体验的经验景观最终形成靠的是实实在在的感悟和对景观的使用，必须考虑到人对城市特色的综合感知需求。

5.4.3.1 城市同质化危机下急需景观视听特色评测

中国工程院院士邹德慈先生在哈尔滨工业大学建筑学院举办的名家讲坛中论述道：特色问题首先体现在建筑、建筑与空间的特色关系上。他提到我国重视城市特色的主要原因如下：

（1）随着人民物质生活水平的提高，特别是在经济较发达城市，人民在精神层面有着更高的需求，追求城市形象的完美，不满足于平庸的建筑、单调的街道、千篇一律的广场、形式雷同的滨水地带等，希望提高城市的魅力。

（2）过去建设的很多工矿城市功能单一，设施简陋，生活内容贫乏，生活方式单调，缺乏丰富多样的、宜人的生活环境。居民盼望城市面貌的改变。

（3）近年来，很多城市在改建更新中，拆除了过多的历史遗址和旧建筑，割断了城市的历史文脉，城市原有的特色消失殆尽，成为国内外学者严重担忧的问题。

（4）城市政府领导为招商引资，吸引更多的投资者和旅游者，几乎空前地重视借助塑造特色城市以提高环境质量，打造"城市名片"。

邹德慈先生关于特色观的创新有自己的看法：

（1）用新的创意开发新型产业，凸显城市的特色。

（2）保护、利用城市的历史遗迹、传统建筑，体现城市的历史文脉。

（3）越来越多历史古镇、历史街坊得到保护和利用。

（4）城市中出现一批优秀设计，具有特色的城市设计、建筑设计、园林设计，构建了不少新颖而有特色的城市空间，使人赏心悦目。

（5）城市中很多非物质性的因素也能创造出动人的特色（相对而言，邹德慈先生也提到了"非文化的物质遗产"，即相对负面、带有讽刺性、以利益驱动为目的的开发项目）。

城市的"非物质性的因素"自然包括城市中蕴含的宝贵历史文化资源，其中反映城市历史文化的"视听资源"是最重要的非物质性因素之一。在我国的城市景观规划中，普遍存在忽视城市景观的视听生理和心理基本需求的现象，大量工程项目对能引起区域内"场所感"的视听信息没有经过深入调研和评估便匆忙付诸拆迁和新建工程开发，导致产生无法挽回的社会损失。这种设计思维模式或开发策略很少顾及整个城市文化和自然的可持续发展问题，导致多数城市内在的历史文化底蕴不能得到有效利用，自然资源不能得到合理永续利用。除了少数被严格保护的几座古城之外，关注城市感知体验质量的城市景观设计案例少之又少。究其原因，一是因为人本身是最复杂的研究对象，视听感知又是相对复杂的研究对象，焦点落在人的视听基本需求的满足上，这需要大量的样本测试和实验作为理论依据。二是因为设计师在设计前期没有充分重视和评测场地内有价值的视觉和听觉信息，忽视了应该保留的代表地区特征的视觉资源和声景资源，对当地居民基本的视听需求缺乏关怀。因为，环境品质的提升是呼声最高的居民视听需求之一。对具有地方特色的地段的城市景观设计，如果沿用以往传统的规划和设计模式，显然已经不能满足人们对高品质城市生活的要求。基于此，作者设想城市区域环境的视听感知评估体系的建立将有利于合理引导城市环境的可持续设计实践。科学人居环境评价体系是提升城市人居环境质量的关键，是控制和引导城市环境的品质提升的保障。如果没有一套科学理性的环境感知评测系统，势必会影响大量急速进行的城市景观实践的质量，其潜在的社会价值和经济损失是不可估量的。

关于视听特色结合的研究，本书也只是进行了初步的探索，值得借鉴的是本书第 4 章中运用扎根理论的分析方式深入采访当地居民并记录深入访谈调查问卷的形式和 GIS 等视听软件模拟相结合的方法。这两种做法能保证地区居民对地域视听特色的要求得到合理搜集和数据的科学分析，达到了解和兼顾当地人群世世代代所凝聚的基本生活方式（沉淀在每一个人的无意识处）的目的。这种视听特色的空间类型产生应该是城市生活的真实反映，能够与市民的集体记忆紧密结合。

5.4.3.2 空间内视听中心主体需进行协同配合设计

本章以城市公共空间谢菲尔德城市中心区和平花园为案例研究对象，将其中央的舞蹈喷泉的形态、颜色、水声与电子音乐声效果的视听融合效应作为协同案例的分析重点。由于场地区域的中心是喷泉，声景主观调查结论显示位于第一位的也是喷泉声。那么，项目前期视觉设计重点自然是以喷泉为中心。如何优化场地的设计中心，提高视听的优势互动是解决空间主体设计的关键。由于实际情况是中央舞蹈喷泉的水泵管线、水形、音乐和灯光的协同设计都由一个专门的水景设计公司负责（中央舞蹈喷泉的设计与施工），保证了在空间内视听中心主体的高度协同性。此外，在本章引用现有的视听科学研究的结论，说明了空间中的视觉出场能使人们意识到声源的物理特色。也就是说，时空的动态性和声源的大小有助于增加空间的感受力，使人们更容易融入环境。当视觉和听觉同时出场时，空间的回响和丰满度，音质的清澈度，距离、动态感、声源的大小，空间的喜好与厌恶，以及融入空间的感觉，成为重要感受因素。因此，空间内视听中心主体需要进行协同设计，才能提升场地的空间感受度。

5.4.3.3　通过场地形态与地势高差的变化控制噪声

本章谈到和平花园内外地势高差 2 m 带来的交通噪声屏蔽的声音效果。由于噪声源被障碍物阻拦，阻止了噪声源与接受者的视线连接。因此，创造了一个声阴影空间。在这个过程中，噪声衰减计算使用 Kurze-Anderson 公式，如果噪声屏的阻碍高度对比声波长足够大，那么此时噪声屏是有效的，其他的情况则是在衍（绕）射效应下，没有效果（事实上是透明、无遮挡的情况）。因此，必须延长侧边至足够长才能阻止衍射发生，才能起到噪声屏的作用。此外，和平花园与临街绿化隔离带的降噪作用也很关键，特别是结合了绿化植被搭配以后能够产生场地的季节变换的视觉效果。

5.4.3.4　全面视听实现需场地不同工种的结合作业

城市景观中传统的视觉主导型设计模式使得声景在城市景观中的作用长期被忽视，越来越高的环境要求使得人们对空间的要求迈向了全面的视听感知综合设计的新趋势。例如，世博会新加坡馆的总体设计。新加坡有"花园城市"的美誉，设计师给城市生活融入了更多的自然景观元素，空中花园和地面景观以一种不断蜿蜒的道路形式连接，展馆试图将声、光、热和空气等自然要素结合起来，其中配合音响和视听设备与观众的交互设计使得参观体验的整个流程变得异彩纷呈，充分展示了新加坡独特的"花园城市"带来的魅力与风情。特别是施工时，将传统的东方建构智慧与西方精细的现代结构相结合[132]。在施工协作方面，由本章视听综合感知的案例研究可以看出，项目所有的决议都是设计团队之间讨论的结果。灯光概念由 Equation 提供，三组灯光被建议采用。这三者能提高花园的审美水平和水景灯光与市政厅形成交相辉映的效果。

总之，城市景观的视听综合感知研究是城市研究的基本内容，其本质主要是城市景观的视觉和听觉感知系统如何进行人性化设计的问题。《人性化的城市》开篇提到："几十年来人性化维度一直被忽略，被限制的空间、障碍物、噪声、污染、事故的危险和普遍不受尊敬的境遇，是绝大多数世界城市居民的典型体现。这种事态的转变不仅降低了步行活动作为一种交通形式的可能，而且使城市空间的社会与文化功能处于四面楚歌的境地。城市空间的传统功能，如作为聚会场所和城市居民的社交广场都已经被弱化、受到威胁或逐步退出。"城市必须有利于人们行走、站立、坐下、观看、倾听及交谈的维度。

因此，必须确立一种新的基于人们视听综合感知体验的目标，以便对城市是如何被规划、被感知和被体验等方面的问题展开研究。例如，对于形形色色已然将我们遗弃的城市环境，该如何解释和理解？我们还能依赖和认同它们吗？因此，很有必要重新生成一种对城市的拓扑理解，以揭示我们的人性在多元变幻的环境中究竟还剩下什么。同时，必须创新一种更为务实的城市景观分析理念与方法。以便从一种可理解的整体观念来解释这种复杂性，使之能与公众交流[35]。

5.5　本章小结

本章主要有如下四项内容：

（1）按照视听感知的基础理论、视听理念构成、视听交互方式、五官联合效应、经验空间产生和经验体系形成的逻辑顺序阐释了城市景观视听体验的思想基础。从视听感知基础理论到景观经验体系形成是逐渐深入的理论过程，即表述了视听感知的交互（涉及五感的融合），最终的落脚点要归属经验景观体系，视听综合感知质量的提升将带来交往空间的复兴。

（2）通过实地调研谢菲尔德市中心和平花园案例的视景、声景分项分析和视听软件模拟，结合目前城市户外空间视听结合最新的科研进展，探讨了实际项目中涉及的视听结合点的问题。

（3）结合全书所使用的研究方法和国际上景观感知研究领域的研究方法，归纳出研究城市景观感知所需要的定量、定性和综合评估方法方面的启发。

（4）综合本书所涵盖的城市景观视听感知体验的科研成果，提出基于视景、声景和视听综合感知体验的分项策略及启示。

视景感知体验的策略及启示：①我国城市范围视景特色评测研究的必要性；②视景设计实践上应该遵循金字塔层级逻辑；③视觉感知评测需利用GIS 等软件平台；④城市视觉景观节点设计应该遵循眼动的视觉规律。

声景感知体验的策略启示：①我国城市范围声景特色评测研究的必要性；②声景设计实践应该遵循声景理念的五个范畴；③声景特色评测需要走定量、定性相结合的路线；④声景特色评测涉及整体环境特色保护规划。

视听感知体验的策略启示：①城市同质化危机下急需景观视听特色评测；②空间内视听中心主体需进行协同配合设计；③通过场地形态与地势高差的变化控制噪声；④全面视听实现需场地不同工种的结合作业。

结　论

当前，我国的城市化进程与欧洲城市相比尚有差距，这决定了欧洲视听环境认知领域的相关研究对我国城市视听品质的提升会起到某种程度的借鉴作用。因此，作者对欧洲部分城市进行了实地考察、当地居民问卷访谈、基础地理信息采集、空间句法软件分析和眼动仪实验等定量和定性相结合的研究，分析得出如下主要结论：

（1）在马斯洛需要层次理论和维尔伯意识谱理论的基础上，作者结合威尼斯实地调研的视觉感知体验，提出了视觉景观感知的金字塔层级理念，即我们的视觉感知所体验的和所追寻的其实是一个开放的具有一定视觉感受层级的能够不断发展的经验秩序。视觉感知理念的逻辑秩序结构显示：A 阶段为视觉尺度感知体验、B 阶段为视觉秩序感知体验、C 阶段为视觉动态体验体验、D 阶段为城市意象感知体验、E 阶段为美学评价感知体验。它们的关系遵循金字塔形的体验顺序，由低层体验到中层体验，再到高层体验，并指出我国目前面临的城市景观所对应的五个层面的问题。

（2）以首座世界文化遗产城市布拉格景观为视景特色案例，从城市建筑层面的形态特色分析，景观层面的区域、轴线和节点分析，规划层面的十种控制系统分析，分别进行布拉格城市视觉景观特色的案例研究。通过从微观到宏观的分析得出了世界文化遗产城市布拉格历史保护区中值得借鉴的更新理念和保护手法。其中，通过眼动仪测试 54 个被试者，探索了能够获得长时间瞳孔注视的景观眼动规律，这一发现有利于城市景观领域的设计实践。

（3）在问卷调查访谈 53 位英国谢菲尔德当地居民的基础上，运用扎根理论分析模式（由于扎根理论要求样本数量不大，但问题回答的深度要求较高。因此，访谈要面对面地对问题进行循环探究、互动式的回答。随着访谈的深入，话题展开的同时要不断提出新问题以弥补预设问题的不足），通过程序编码分析得出城市声景主观理解的五个类属模式：声景定义、声景记忆、声景情绪、声景期待和声景审美。类属之间的联系以声景定义为核心，对它的理解按照时间顺序被分成三段式：声景记忆表现了声景历史的印记，声景情绪表现了当前的声景现实，声景期待说明了对声景未来的渴望。这三部分之间在声潜意识的审美上也被分别反映在三个时间段内，声景审美一直存在于我们的潜意识中，声潜意识和声显意识一起组成了完整的声景体验模式。在声景的设计实践中，为了满足人们对声景的需要，我们从这五个方面入手解决人们的声需求问题。调查研究的基点是居民对城市的声感知理解的五个基本类属，并提出为了城市声景的可持续发展，要兼顾人们对城市的历史声理解和未来声期待的需求，才能设计出居民满意的声环境。

（4）在现代社会文明进程的推动下，人们对建筑环境质量要求的提高使得建筑环境空间设计的专业化程度相应提高。如果声环境评价的性别差异过大，则空间设计标准也应有所调整。在保证性别和年龄匹配度的基础上，本书选择英国谢菲尔德城市区域为调查范围，通过基于语义细分法下的声感知八项因子评估和对统计数据进行独立样本 t 检验得出如下结论：在声感知、声喜好类型、冬夏季节声感受、城市印象声的感知序列、城市综合环境要素（光环境、景观环境、空气质量、拥挤程度）方面的评价中，两性差异均无统计学意义（$p > 0.05$）。此处研究结论可为城市声环境的标准制定提供理论和实践支持。

（5）以英国谢菲尔德城市居民声景调查为基础，进行定量和定性分析，总结出谢菲尔德城市第一印象声、具有地区文化特色的声源类型、城市居民的声喜好类型、城市地理气候特征下的冬夏季节声、代表城市艺术休闲特色的周末声、值得保护的地区声源类型以及对声环境感知指标（声安静度、声期待度、声舒适度、声清晰度），给予数值评估和意见收集，指出需要改善的声源和城市声环境感知的问题，为城市声环境特色的声源定位和声环境质量提升提供了依据。此外，城市声景历史和未来意象的定性分析可对城市声环境未来的设计提供直接的意见和建议。

（6）按照视听感知的基础理论、视听理念构成、视听交互方式、五官联合效应、经验空间产生和经验体系形成的逻辑顺序阐释了城市景观视听体验的思想基础；通过视听模拟分析了谢菲尔德市中心和平花园案例，并结合最新的科研进展探讨了实际项目中涉及的视觉、听觉和视听结合点的问题；结合全书的研究方法和国际上景观感知研究领域的研究方法归纳出定量、定性和综合评估方法方面的借鉴与启发。综合本书所涵盖的城市景观视听感知体验的科研成果，提出基于视景、声景和视听综合感知体验的分项策略及启示。

通过对欧洲部分城市景观的调研和实地考察，提出以下主要创新性成果：

（1）提出了视觉景观感知的金字塔层级理念。

（2）得出了获得长时间瞳孔注视的景观眼动规律。

（3）提出了城市声景主观理解的五个类属模式。

（4）得出城市户外空间声环境评价的两性差异均无统计学意义（$p > 0.05$）。

（5）提出针对我国视景、声景和视听综合感知设计的分项策略及启示。

虽然研究中运用了实地考察、摄像和当地居民问卷调研等一手资料的搜集方法，也应用了空间软件模拟和眼动仪实验等数字化信息技术。但是，眼动仪测试仅限于静态视觉测试的实验阶段，仪器对景观视觉动态的浏览过程缺乏相应的技术支持；截至目前，世界范围内尚缺乏成熟的视听结合较完善的城市景观案例可供借鉴；国际科研领域内的视听交互研究也仅限于视听感知局部差异上的理论实验探索；我国的项目施工实践中，各个工种的协调性和精细程度也往往不能达到目前欧洲的一般水平。上述这些都是我国实现高品质视听城市环境要面临的理论和实践问题。

作者认为研究更大的意义可能在于对我国城市视听环境品质提升课题提供研究方法和案例样本方面的参考。鉴于作者个人能力有限，只能就现在可借鉴的实验方法和技术手段达到目前的研究深度，希望以后能有机会继续探索城市景观视听感知体验的互动理论和技术实现手段。例如，后续会探索眼动仪对动态视觉体验的测试技术，如果能以人群仿真软件来增加测试人群的眼动行为和人群行为的宏观分析就能够达到较高层级的视觉体验研究水平。谨以本书抛砖引玉，希望未来能有更多的回归人性化基本需求的科研成果不断涌现。

参考文献

［1］程胜高，张聪辰.环境影响评价与环境规划［M］.北京：中国环境科学出版社，1999.

［2］俞孔坚.论景观概念及其研究的发展［J］.北京林业大学学报，1987，9（4）：433-438.

［3］威廉·C.克拉克.全球性变化中的人类生态学［J］.国际社会科学杂志（中文版），1990（3）.

［4］黑格尔.美学［M］.牛津，1975：889.

［5］马斯洛.存在心理学探索［M］.昆明：云南人民出版社，1987.

［6］WALDHEIM C. The Landscape Urbanism Reader［N］. New York：Princeton Architectural Press，2006.

［7］CORNER J，FLUXUS T，WALDHEIM C. The Landscape Urbanism Reader［N］. New York：Princeton Architectural Press，June 2006：29.

［8］STAN A. Mat Urbanism：The Thick 2-D Sarki［M］//CASE：Le Corbusier's Venice Hospital and the matbuilding revival，Munich. New York：Prestel，2002：118-126.

［9］DE LANDA M. A Thousand Years of Non-linear History［M］. New York：Zone Books，2000.

［10］FARINA A. Ecology，Cognition and Landscape［M］. Springer，1998.

［11］VYSTAVY K. Geologie pražské kotliny［M］. Útvar rozvoje hlavního města Prahy，2000：9.

［12］WELLER R. A art of Instrumentality：Thinking Through Landscape Urbanism［M］// WALDHEIM C. The Landscape Urbanism Reader. New York：Princeton Architectural Press，June 2006：69-85.

［13］翟俊.基于景观都市主义的景观城市［J］.建筑学报，2010（11）：6-11.

［14］张庭伟. 滨水地区的规划和开发［J］. 城市规划，1999（2）：50-55，33.

［15］HILLER B，HANSON J. The Social Logic of Space［M］. Cambridge：Cambridge University Press，1994.

［16］PEPONIS J，WINEMAN J，BAFNA S，et al. On the Generation of Liner Representations of Spatial Configuration［J］. Environment and Planning B：Planning and Design. 1998，25：559-576.

［17］JIANG B，CLARAMUT C. A Comparison Study on Space Syntax as a Computer Model of Space［C］//Proceedings of Second International Symposium on Space Syntax，Brazil：University de Brasilia，1999.

［18］MILGRAM S. The Small World Problem［J］. Psychology Today，1967，2（1），60-67

［19］WATTS D J，STROGATZ S H. Collective dynamics of "small world" networks［J］. Nature，1998，393（June）：440-442.

［20］江斌，黄波，陆峰. GIS 环境下的空间分析和地学视觉化［M］. 北京：高等教育出版社，2002.

［21］比尔·希利尔. 空间是机器：建筑组构理论［M］. 杨滔，张佶，王晓京，译. 北京：中国建筑工业出版社，2008.

［22］LI J，DUAN J. Multi-sale representation of urban spatial morphology based on GIS and spatial syntax［J］. Journal of Central China Normal University，2004，38(3)：383-387.

［23］凯文·林奇. 城市意象［M］. 方益萍，何晓军，译. 北京：华夏出版社，2001.

［24］克里斯托弗·亚历山大. 城市并非树形［J］. 严小婴，译. Journal of Design，1965.

［25］克里斯托弗·亚历山大. 俄勒冈实验［M］. 赵冰，等译. 北京：知识产权出版社，2002.

［26］DAVIDOFF P. Advocacy and pluralism in planning［J］. Journal of the American Institute Planning，1965，31（4）：331-338.

［27］GEDDES P. Cities in Evolution［M］. London：Williams & Norgate，1915.

［28］Venice and its Lagoon［Z/OL］［2021-08-18］http：//whc.unesco.org/en/list/394.

［29］MASLOW A H. A theory of human motivation［M］. Psychological Review，1943，50（4）：370-396.

［30］WILBER K. Up from Eden：A Transpersonal View of Human Evolution［M］.Anchor Books，1981.

［31］扬·盖尔.人性化城市［M］.欧阳文，徐哲文，译.北京：中国建筑工业出版社，2010：39.

［32］HALL P. 明日之城：一部关于 20 世纪城市规划与设计的思想史［M］.童明，译.上海：同济大学出版社，2009.

［33］罗比特·索尔所，奥托·麦克林，金伯利·麦克林.认知心理学［M］.邵志芳，等，译.上海：上海人民出版社，2008：86.

［34］埃德蒙·N·培根.城市设计［M］.黄富厢，朱琪，译.北京：中国建筑工业出版社，2003.

［35］查尔斯·瓦尔德海姆.景观都市主义［M］.刘海龙，刘冬云，孙璐，译.北京：中国建筑工业出版社，2011，75-79.

［36］CARMONA M，TANER T，TIESDELL O S，et al. 城市设计的维度：公共场所 - 城市空间［M］.冯江，袁粤，万谦，等，译.南京：江苏科技出版社，2005.

［37］伊利尔·沙立宁.城市它的发展：衰败与未来［M］.顾启源，译.北京：中国建筑工业出版社，1968.

［38］罗小未，蔡婉英.外国建筑历史图说［M］.上海：同济大学出版社，1989.

［39］MUIR E. Civic Ritual in Renaissance Venice［J］. Princeton：Princeton University Press，1981.

［40］HOWARD D. The Architectural History of Venice［J］. New Haven：Yale University Press，2002.

［41］ARGAN G C.The Renaissance City［M］. New York：George Braziller，1970.

［42］SOMMER A. "空间句法"在城市结构分析中的应用［J］.城市环境设计，2009（11）：170-174

［43］王斌.空间句法的介绍与应用：以苏州园林为例［D］.上海：同济大学，2009.

［44］Pevnost Praha：vliv opevnění na rozvoj města［M］.Útvar rozvoje hlavního města Prahy，2000：38-39.

［45］敬东.阿尔多·罗西的城市建筑理论与城市特色建设［J］.规划师，1999（2）：102-106.

［46］Pražská památková rezervace［Z/OL］.［2021-10-18］https：//www.praha1.cz/mestska-cast/o-mestske-casti/zajimave-objekty-a-pamatky/prazska-pamatkova-rezervace-ppr/.

［47］CONRAD C F. A grounded theory of academic change［J］.Sociology of Education，1978，51（2）：101-112.

［48］GLASER B. Conceptualization：on theory and theorizing using grounded theory［J］.International Journal of Qualitative Methods，2002（1）：1-31.

［49］GRANÖ J. Reine geographie：eine methodologische Studies，beleuchtet mit Beispielen aus Finnland und Estland［J］.Acta Geographica 2，1929（2）：182-194.

［50］SCHAFER M. The turning of the world［M］.New York：Alfred A. Knopf，1977.

［51］BLACKMORE S，TROSCIANKO E. Consciousness：in introduction［M］.Routhedge，2001.

［52］SEASHORE C E. Psychology of Music［M］.Spencer Press，2013.

［53］BATT-RAWDEN K B.The benefits of self-selected music on health and well-being［J］.The Arts in Psychotherapy，2010，37：301-310.

［54］HAYDEN D. The Grand Domestic Revolution：A History of Feminist Designs for American Homes，Neighborhoods，and Cities［M］.Cambridge：The MIT Press，1981.

［55］TORRE S. Women in American Architecture：A Historic and Contemporary

Perspective: a Publication and Exhibition Organized by the Architectural League of New York through its Archive of Women in Architecture [M]. New York: Whitney Library of Design, 1977.

[56] WEISMAN L K. Discrimination by Design: A Feminist Critique of the Man-made Environment [M]. Urbana and Chicago: University of Illinois Press, 1992.

[57] AGREST D, CONWAY P, WEISMAN L K. The Sex of Architecture [M]. New York: Abrams, 1997.

[58] MATRIX (Group). Making Space: Women and the Man-made Environment [M]. London, Sydney: Pluto Press, 1984.

[59] Women and Geography Study Group of the IBG. Geography and Gender: an Introduction to Feminist Geography [M]. London: Hutchinson in Association with the Explorations in Feminism Collective. 1984.

[60] LITTLE J, PEAKE L, RICHARDSON P. Women in Cites: Gender and the Urban Environment [M]. New York: New York University Press, 1988.

[61] 陈喆. 女性空间研究 [J]. 建筑师, 2003, 105 (10): 82.

[62] FIELD J M. Effect of personal and situational variables on noise annoyance in residential areas [J]. Journal of the Acoustical Society of America, 1993, 93 (5): 2753-2763.

[63] MIEDEMA H M, VOS H. Exposure-response relationships for transportation noise [J]. Journal of the Acoustical Society of America, 1998, 104 (6): 3432-3445.

[64] KANG J. Urban Sound Environment [M]. London: CRC Press, 2006.

[65] 唐征征. 地下商业空间声喜好研究 [D]. 哈尔滨: 哈尔滨工业大学, 2010: 121.

[66] 孟琪. 地下商业街的声景研究与预测 [D]. 哈尔滨: 哈尔滨工业大学, 2010: 81.

[67] ROSSI A. The architecture of the city [M]. Cambridge: The MIT Press, 1984.

［68］SCHULTE-FORTKAMP B，DUBOIS D. Recent advances in soundscape research［J］. Acta Acustica united with Acustica，2006，92（6）：V-VIII.

［69］HIRAMATSU K. Activities and impacts of soundscape association of Japan［C］. Proceeding of inter-noise 99，1999：1357-1362.

［70］王敦. 声音的风景：国外文化研究的新视野［J］. 文艺争鸣，2011（1）：77-81.

［71］康健，杨威. 城市公共开放空间中的声景［J］. 世界建筑，2002（6）：76-79.

［72］秦佑国. 声景学的范畴［J］. 建筑学报，2005（1）：45-46.

［73］葛坚，赵秀敏，石坚韧. 城市景观中的声景观解析与设计［J］. 浙江大学学报（工学版），2004（8）：994-999.

［74］Case Study—Sheffield，UK. Greenstructures and Urban Planning［R］. 2005.

［75］赵旭东，陈心昭，陈剑，等. 声景与声音的意象设计［J］. 振动工程学报，2004（8）：999-1002.

［76］DENG Z，WU W，SHI D. Two case studies on the soundscape in historical area and its subjective assessment from the local people［C］. Proceedings of inter-noise，2009.

［77］ALEXANDER D. Observations on dialect，humour and local lore of Sheffield and District［M］.Sheffield：Northern Map Distributors.2001.

［78］STEINER F. Landscape ecological urbanism：Origins and trajectories［J］. Landscape and Urban Planning，2011，100（4）：333-337.

［79］保罗·戈比斯特，杭迪. 西方生态美学的进展：从景观感知与评估的视角看［J］. 学术研究，2010（4）：1-14.

［80］GOBSTER P H. An ecological aesthetic for forest landscape management［J］. Landscape Journal，1999，18：54-64.

［81］查尔斯·瓦尔德海姆. 景观都市主义［M］. 刘海龙，刘冬云，孙璐，译. 北京：中国建筑工业出版社，2011：73.

［82］原田玲仁. 每天懂一点创意心理学［M］. 郭勇，译. 西安：陕西师范大学出版社，2009（12）：27.

［83］MOLHOLM S，RITTER W，MURRAY M M，et al. Multisensory auditory-visual interactions during early sensory processing in humans：a high-density electrical mapping study［J］. Cognitive Brain Research，2002，1（14）：115-128.

［84］SHAMS L，IWAKI S，CHAWLA A，et al. Early modulation of visual cortex by sound：an MEG study［J］. Neuroscience Letters，2005，378（2）：76-61.

［85］CALVERT G A，SPENCE C，STEIN B E. . The Handbook of Multisensory Processing［M］. Cambridge：The MIT Press，2004.

［86］SAINT-AMOUR D，SANCTIS P，MOLHOLM S，et al. Seeing voices：High-density electrical mapping and source-analysis of the multisensory mismatch negativity evoked during the McGurk illusion［J］. Neuropsychologia，2007，45（3）：587-597.

［87］MACALUSOL E，DRIVER J. Multisensory spatial interactions：a window onto functional integration in the human brain［J］. Trends in Neurosciences. 2005，28（5）：264-271.

［88］BLACKMORE S. 人的意识［M］. 耿海燕，李奇，等校译. 北京：中国轻工业出版社，2008.

［89］王立平，库逸轩. 触觉—触觉单一模式和听觉—触觉交叉模式工作记忆的神经机制的研究［J］. 心理科学，2010，33（5）：1062-1066.

［90］陈超萃. 设计认知：设计中的认知科学［M］. 北京：中国建筑工业出版社，2008：37，63，145.

［91］THWAITES K，SIMKINS L. Experiential Landscape：An approach to people，place and space［M］. London：Routledge，2006.

［92］HALL E T. The Silent language［M］.（New York：Anchor Books/Doubleday，1959/1990.

［93］HALL E T，The Hidden Dimension［M］. New York：Doubleday，1966.

［94］唐晓英，吕玥，张帆，等 . 脑认知领域中注意对视听觉感觉统合影响的研究［J］. 北京生物医学工程，2010，29（2）：194-197.

［95］SHAMS L，KAMITANI Y，SHIMOJO S. Visual illusion induced by sound［J］. Cognitive Burin Research 2002：14（1），147-152.

［96］BIRKHAUSER. Landscape Architecture Europe-fieldwork［M］. LAE Foundation，2009.

［97］康健 . 城市声环境论［M］. 戴根华，译 . 北京：科学出版社，2011.

［98］SMYRNOVA Y，KANG J. Determination of perceptual auditory attributes for the auralisation of urban space［C］.Euronoise，2009.

［99］BORG I，GROENEN P. Modern Multidimensional Scaling：Theory and Applications［M］. New York：Springer，2005.

［100］DANIEL T C.Measuring the quality of the natural environment：A psychophysical approach［J］. American Psychologist，1990，45：633-637.

［101］HERZOG T R. A cognitive analysis of preference for urban nature［J］. Journal of Environmental Psychology，1989，9：27-43.

［102］YU K. Cultural variations in landscape preference：comparisons among Chinese sub-groups and Western design experts［J］. Landscape and Urban Planning，1995，32：107-126.

［103］SCHROEDER H W，DANIEL T C. Predicting the scenic quality of forest road corridors［J］. Environment and Behavior，1980（12）：349-366.

［104］SCHROEDER H W，ANDERSON L M. Perception of personal safety in urban recreation sites［J］. Journal of Leisure Research，1984（16）：178-194.

［105］DANIEL T C.Whither scenic beauty? Visual landscape quality assessment in the 21st century［J］. Landscape and Urban Planning，2001，54（1-4）：267-281.

［106］SHEPPARD S R J. Beyond visual resource management：Emerging theories of an ecological aesthetic and visible stewardship［M］// SHEPPARD S R J，HARSHAW H W. Forests and Landscapes：Linking

Ecology, Sustainability and Aesthetics. IUFRO Research Series 6. Oxfordshire, UK: CABI Publishing, 2000: 49-172.

[107] DAKIN S. There's more to landscape than meets the eye: Towards inclusive landscape assessment in resource and environmental management [J]. The Canadian Geographer, 2003, 47 (2): 185-200.

[108] SEAMAN D. A way of seeing people and place: Phenomenology in environment-behavior research [M] //WAPNER S, DEMICK J, YAMAMOTO T, et al. Theoretical Perspectives in Environment-Behavior Research. New York: Plenum, 2000: 157-178.

[109] ERLICH P. The Population Bomb [M]. New York: Sierra Club—Baltantine Books, 1968.

[110] MCHARG I L. Design with Nature [M]. Philadelphia: Falcon Press, 1969.

[111] USDA FOREST SERVICE. National Forest Landscape Management Volume 2, Chapter 1: The Visual Management System [Z]. Agriculture Handbook Number 462. Washington, DC: U. S. Government Printing Office, 1974.

[112] DANIEL T C, BOSTER R S. Measuring Landscape Esthetics: The Scenic Beauty Estimation Method [Z]. Research Paper RM — 167. Fort Collins, CO: USDA Forest Service Rocky Mountain Forest and Range Experiment Station, 1976.

[113] USDA FOREST SERVICE. National Forest Landscape Management Volume 2, Chapter 4: Roads [Z]. Agriculture Hand—book Number 483. Washington, DC: U. S. Government Printing Office, 1977.

[114] USDA FOREST SERVICE. National Forest Landscape Management Volume 2, Chapter 5: Timber [Z]. Agriculture Hand—book Number 559. Washington, DC: U. S. Government Printing Office, 1980.

[115] USDA FOREST SERVICE. National Forest Landscape Management Volume 2, Chapter 8: Recreation [Z]. Agriculture Handbook Number 666. Washington, DC: U: S. Government Printing Office, 1987.

［116］USDA FOREST SERVICE. Landscape Aesthetics: A Guide to Scenery Management ［Z］. Agriculture Handbook Number 701. Washinglou, DC: U. S. Government Printing Office, 1995.

［117］陈为邦，等. 奔向 21 世纪的中国城市：城市科学纵横谈［M］. 太原：山西经济出版社，1992.

［118］BALLAS J A. Common factors in the identification of an assortment of brief everyday sounds ［J］. Journal of Experimental Psychology: Human Perception and Performance, 1993（19）: 250-267.

［119］GAVER W. What in the world do we hear? An ecological approach to auditory event perception ［J］. Ecological Psychology, 1993（5）: 1-29.

［120］MAFFIOLO V, DAVID S, DUBOIS D, et al. Sound characterization of urban environment ［C］. Proceedings of inter-noise, 1997.

［121］DUBOIS D. Categories as acts of meaning: the case of categories in olfaction and audition ［J］. Cognitive Science Quarterly, 2000（1）: 35–68.

［122］YANG W, KANG J. Acoustic comfort evaluation in urban open public spaces ［J］. Applied Acoustics, 2005（66）: 211-229.

［123］YANG W, KANG J. Soundscape and sound preferences in urban squares ［J］. Journal of Urban Design, 2005（10）: 69-88.

［124］KANG J, ZHANG M. Semantic differential analysis of the soundscape in urban open public spaces ［J］. Building and Environment, 2010（45）: 150-157.

［125］YU L, KANG J. Modeling subjective evaluation of soundscape quality in urban open spaces – An artificial neural network approach ［J］. The Journal of the Acoustical Society of America, 2009, 126: 1163-1174.

［126］YU L, KANG J. Effects of social, demographic and behavioral factors on sound level evaluation in urban open spaces ［J］. The Journal of the Acoustical Society of America, 2008, 123: 772-783.

［127］BROWN A L, KANG J, GJESTLAND T. Towards standardising

methods in soundscape preference assessment [J] . Applied Acoustics，
2011，72：387-392.

[128] YU L，KANG J. Influencing factors on sound preference in urban open
spaces [J] . Applied acoustics，2010，71：622-633.

[129] SMYRNOVA Y，KANG J. Determination of perceptual auditory attributes
for the auralization of urban soundscapes [J] . Noise Control Engineering
Journal，2010，58：508-523.

[130] SMITH H. Place identity and participation. In Place Identity. Participation
and Planning [M] . London：Routledge，2005：39-54.

[131] 吴良镛 . 基本理论、地域文化、时代模式：对中国建筑发展道路的探
索 [J] . 建筑学报，2002（2）：6-8.

[132] TAN K N，王兴田，杜富存，等 . 上海世博会新加坡馆 [J] . 新建筑，
2011（1）：66-71.

文中图片未标出处均为作者自绘或自摄。

附录1 研究资料

眼动仪测试——54名眼动仪实验被调查研究人员SPSS资料

GENDER:	EDUCATION :	YOUR JOB:
• 0.00 = "Female" • 1.00 = "Male"	• 0.00 = "Primary School" • 1.00 = "High School" • 2.00 = "College/university"	• 0.00 = "student" • 1.00 = "teacher" • 2.00 = "other job"

Table 1:

DAY:	AGE:	GENDER:	EDUCATION :	YOUR JOB:
6-Jun-2012	48.0	1.0	2.0	1.0
6-Jun-2012	28.0	0.0	2.0	0.0
6-Jun-2012	27.0	0.0	2.0	0.0
6-Jun-2012	31.0	1.0	2.0	1.0
6-Jun-2012	47.0	0.0	0.0	2.0
6-Jun-2012	46.0	1.0	2.0	1.0
6-Jun-2012	22.0	0.0	2.0	0.0
6-Jun-2012	22.0	0.0	2.0	0.0
6-Jun-2012	22.0	0.0	2.0	0.0
7-Jun-2012	22.0	0.0	2.0	0.0
7-Jun-2012	59.0	1.0	2.0	1.0
7-Jun-2012	22.0	1.0	2.0	0.0
7-Jun-2012	21.0	0.0	2.0	0.0
7-Jun-2012	21.0	0.0	2.0	0.0
8-Jun-2012	21.0	0.0	2.0	1.0
8-Jun-2012	59.0	1.0	0.0	2.0
8-Jun-2012	55.0	0.0	0.0	2.0
8-Jun-2012	40.0	0.0	1.0	2.0
8-Jun-2012	43.0	0.0	1.0	2.0
8-Jun-2012	42.0	0.0	0.0	2.0
8-Jun-2012	54.0	0.0	0.0	2.0
8-Jun-2012	29.0	0.0	2.0	1.0
8-Jun-2012	25.0	0.0	2.0	1.0
8-Jun-2012	26.0	0.0	2.0	1.0
8-Jun-2012	27.0	1.0	2.0	2.0
8-Jun-2012	55.0	1.0	2.0	2.0
8-Jun-2012	26.0	0.0	2.0	2.0
8-Jun-2012	29.0	0.0	2.0	0.0
8-Jun-2012	18.0	1.0	1.0	0.0
8-Jun-2012	23.0	1.0	2.0	0.0
8-Jun-2012	23.0	1.0	2.0	0.0
8-Jun-2012	39.0	1.0	2.0	2.0
8-Jun-2012	25.0	0.0	2.0	0.0

8-Jun-2012	26.0	1.0	2.0	0.0
8-Jun-2012	25.0	0.0	2.0	0.0
8-Jun-2012	29.0	1.0	2.0	0.0
8-Jun-2012	38.0	0.0	2.0	1.0
8-Jun-2012	22.0	1.0	2.0	0.0
8-Jun-2012	21.0	1.0	2.0	0.0
8-Jun-2012	12.0	0.0	2.0	0.0
8-Jun-2012	33.0	0.0	2.0	0.0
8-Jun-2012	40.0	0.0	2.0	0.0
8-Jun-2012	23.0	0.0	2.0	0.0
8-Jun-2012	22.0	1.0	2.0	0.0
8-Jun-2012	21.0	0.0	2.0	0.0
8-Jun-2012	20.0	1.0	2.0	0.0
8-Jun-2012	55.0	1.0	1.0	2.0
8-Jun-2012	47.0	1.0	1.0	2.0
9-Jun-2012	24.0	0.0	2.0	1.0
9-Jun-2012	26.0	1.0	2.0	2.0
9-Jun-2012	26.0	1.0	2.0	2.0
9-Jun-2012	25.0	0.0	2.0	0.0
9-Jun-2012	53.0	1.0	2.0	1.0
9-Jun-2012	32.0	1.0	2.0	2.0

声景问卷访谈——53名英国谢菲尔德市当地居民调查人员研究资料

GENDER:	EDUCATION:	WHERE ARE YOU GROWN UP:
• 0.00 = "Female" • 1.00 = "Male"	• 0.00 = "Primary School" • 1.00 = "High School" • 2.00 = "College/university"	• 0.00 = "Sheffield" • 1.00 = "China" • 3.00 = "other city" • 4.00 = "other country" (Excepting UK and CHINA)

Table 1:

DAY:	TIME:	GENDER:	AGE:	EDUCATION:	WHERE ARE YOU GROWN UP:
17-Sep-2010	19.0	0.0	9.0	0.0	1.0
29-Aug-2010	16.0	0.0	16.0	1.0	0.0
24-Aug-2010	14.0	0.0	19.0	2.0	4.0
29-Aug-2010	19.0	1.0	21.0	2.0	4.0
01-Sep-2010	17.0	0.0	21.0	2.0	4.0
01-Sep-2010	17.0	1.0	21.0	2.0	3.0
24-Aug-2010	15.0	0.0	22.0	2.0	4.0
24-Aug-2010	15.0	0.0	22.0	2.0	3.0
28-Aug-2010	18.0	1.0	24.0	2.0	4.0
02-Sep-2010	14.0	0.0	25.0	2.0	1.0

28-Aug-2010	18.0	1.0	25.0	2.0	3.0
24-Aug-2010	15.0	1.0	26.0	2.0	1.0
01-Sep-2010	20.0	0.0	26.0	2.0	1.0
02-Sep-2010	18.0	0.0	26.0	2.0	1.0
31-Aug-2010	21.0	0.0	26.0	2.0	1.0
25-Aug-2010	14.0	1.0	27.0	2.0	3.0
31-Aug-2010	19.0	0.0	27.0	2.0	1.0
17-Sep-2010	18.0	0.0	28.0	2.0	1.0
29-Aug-2010	18.0	1.0	29.0	2.0	1.0
28-Aug-2010	18.0	1.0	30.0	2.0	4.0
25-Aug-2010	12.0	1.0	30.0	2.0	4.0
01-Sep-2010	20.0	1.0	32.0	2.0	1.0
12-Sep-2010	19.0	0.0	33.0	2.0	1.0
06-Sep-2010	12.0	1.0	34.0	2.0	1.0
29-Sep-2010	13.0	1.0	35.0	2.0	3.0
25-Aug-2010	22.0	0.0	36.0	2.0	3.0
23-Aug-2010	12.0	1.0	37.0	2.0	4.0
13-Aug-2010	21.0	1.0	37.0	2.0	1.0
16-Aug-2010	20.0	0.0	39.0	2.0	0.0
16-Sep-2010	19.0	1.0	34.0	2.0	1.0
17-Sep-2010	19.0	0.0	37.0	2.0	1.0
20-Sep-2010	13.0	0.0	40.0	2.0	0.0
16-Sep-2010	19.0	1.0	40.0	2.0	1.0
16-Sep-2010	19.0	0.0	41.0	2.0	1.0
17-Sep-2010	16.0	1.0	43.0	2.0	3.0
15-Sep-2010	17.0	0.0	44.0	2.0	1.0
11-Sep-2010	18.0	1.0	45.0	2.0	3.0
12-Sep-2010	19.0	0.0	45.0	2.0	0.0
29-Aug-2010	17.0	1.0	46.0	2.0	0.0
09-Sep-2010	20.0	0.0	48.0	2.0	1.0
25-Sep-2010	12.0	1.0	50.0	2.0	0.0
25-Sep-2010	17.0	1.0	57.0	2.0	0.0
25-Sep-2010	12.0	1.0	60.0	2.0	4.0
25-Aug-2010	13.0	0.0	60.0	2.0	0.0
22-Aug-2010	21.0	0.0	68.0	2.0	4.0
28-Aug-2010	18.0	1.0	70.0	2.0	3.0
28-Aug-2010	16.0	0.0	71.0	2.0	0.0
26-Aug-2010	11.0	0.0	73.0	0.0	0.0
26-Aug-2010	12.0	0.0	73.0	2.0	3.0
29-Aug-2010	11.0	1.0	74.0	2.0	0.0
23-Aug-2010	16.0	0.0	74.0	2.0	0.0
23-Aug-2010	22.0	1.0	76.0	2.0	0.0
25-Aug-2010	12.0	0.0	79.0	0.0	0.0

214

附录2 问卷调查表

UNIVERSITY OF SHEFFIELD, SCHOOL OF ARCHITECTURE, ACOUSTICS RESEARCH GROUP

Questionnaire about Sheffield soundscape environment

This survey is for research purpose only, and all the answers will be anonymous and kept confidential.

Please √ the □ before each item. If you have any queries please email: lffzhx@hotmail.com.

Please note the day of the week and the time you are taking this questionnaire.

- Day:……………………. Time:……………………   ■ Your gender: □ Male;   □ Female
- Your age: …………■ Your education level: □ Primary School; □ High School; □ College/university
- Where did you grow up? …………   ■ How long have you been living in Sheffield? ……………

1. What are the most memorable environment sounds in Sheffield? Please √ one option in response to each of the following statements: （please notice the time period）

Times	Sound	Very much like	Like	Neutral	Dislike	Very much dislike	comments
1939 — 1945（World War II）		5	4	3	2	1	
		5	4	3	2	1	
		5	4	3	2	1	
		5	4	3	2	1	
1950 — 1970		5	4	3	2	1	
		5	4	3	2	1	
		5	4	3	2	1	
		5	4	3	2	1	
2010		5	4	3	2	1	
		5	4	3	2	1	
		5	4	3	2	1	
		5	4	3	2	1	

2. What do you think about the physical factors in Sheffield at that time? （please notice the time period）

Period	Physical factors	very bad						very good
1950—1970	Lighting	-3	-2	-1	0	1	2	3
	Landscape	-3	-2	-1	0	1	2	3
	Air quality	-3	-2	-1	0	1	2	3
	Crowding	-3	-2	-1	0	1	2	3
2010	Lighting	-3	-2	-1	0	1	2	3
	Landscape	-3	-2	-1	0	1	2	3
	Air quality	-3	-2	-1	0	1	2	3
	Crowding	-3	-2	-1	0	1	2	3

3. Please rank the overall sonic environment in Sheffield. (please √) （please notice the time period）

1950—1970							
Quiet	3	2	1	0	-1	-2	-3	Loud
Smooth	3	2	1	0	-1	-2	-3	Harsh
Even	3	2	1	0	-1	-2	-3	Various
Comfortable	3	2	1	0	-1	-2	-3	Disturbing

Vibrant	3	2	1	0	–1	–2	–3	Dull
Interesting	3	2	1	0	–1	–2	–3	Regular
Distinctive	3	2	1	0	–1	–2	–3	Blurred
Expected	3	2	1	0	–1	–2	–3	Unexpected
2010								
←							→	
Quiet	3	2	1	0	–1	–2	–3	Loud
Smooth	3	2	1	0	–1	–2	–3	Harsh
Even	3	2	1	0	–1	–2	–3	Various
Comfortable	3	2	1	0	–1	–2	–3	Disturbing
Vibrant	3	2	1	0	–1	–2	–3	Dull
Interesting	3	2	1	0	–1	–2	–3	Regular
Distinctive	3	2	1	0	–1	–2	–3	Blurred
Expected	3	2	1	0	–1	–2	–3	Unexpected

4. Please fill in the forms of sonic environment in Sheffield. (please fill at least 2 sounds in each catagory).

Period	Sonic environment in Sheffield	The most memorable ←			The Least memorable →	
1950—1970	What sounds do you like?					
	What sounds do you hate?					
	Which sounds of activity do you hear at the weekend?					
	Which sounds about activity do you hear in the open air in winter?					
	Which sounds about activity do you hear in the open air in summer?					
	Which sounds can reflect the culture of Sheffield?					
2010	What sounds do you like?					
	What sounds do you hate?					
	Which sounds of activity do you hear at the weekend?					
	Which sounds about activity do you hear in the open air in winter?					
	Which sounds about activity do you hear in the open air in summer?					
	Which sounds can reflect the culture of Sheffield?					

5. (If you lived during this period 1939-1945 , please answer.) When you were a child, which sounds urge you to remember some historical events or big changes in environment? How old were you then? Which sounds make you feel sad, joyful, angry, afraid and despair? How old were you then?

6. (If you lived during this period 1939-1945 , please answer.) (In question5)What reasons do you think are these types of sounds so memorable? Do you have any story to share?

7. (If you lived during this period 1939-1945 , please answer.) Do you remember those sounds in the military transport of the war in your childhood(1939-1945)? What do you feel about these sounds? Do you have any feeling of fretting、palpitation、dizziness and other physiological responses when you were hearing these sounds?

8. (If you lived in Sheffield during this period **1950-1970** , please answer.)As is well known, Sheffield was the "Steel City" in the past. Which sounds did you hear in the development of the steel industry? Do you think these sounds interfered with your life?

9. (If you lived in Sheffield during this period **1950-1970** , please answer.)Compare your childhood with present, which sounds are lost?

10. Now, which sounds do you wish to preserve in Sheffield?

11. Now, which sounds urge you to remember some events or changes in environment? Do you have any feeling of fretting、palpitation、dizziness and other physiological responses when you were hearing these sounds? Which sounds make you feel sad, joyful, angry, afraid and despair?

12. Would you tell us what is the future of sounds according to your understanding? Can you describe it?

13. If the soundscape of Sheffield could be represented in songs, which songs do you think might best depicts the past , present ,and future of the soundscape in Sheffield?
The past …………………………………
Present …………………………………
Future …………………………………

附录 3　分析数据

Total Fixation Duration
被试图片06.jpg

Recordings	Polygon N (Count)	Mean (Seconds)	Max (Seconds)	Sum (Seconds)	Polygon 2 N (Count)	Mean (Seconds)	Max (Seconds)	Sum (Seconds)	Rectangle N (Count)	Mean (Seconds)	Max (Seconds)	Sum (Seconds)
Rec 02	1	2.60	2.60	2.60	1	0.29	0.29	0.29	1	0.63	0.63	0.63
Rec 03	1	3.99	3.99	3.99	1	1.01	1.01	1.01	1	2.89	2.89	2.89
Rec 04	1	2.65	2.65	2.65	1	0.43	0.43	0.43	1	4.88	4.88	4.88
Rec 05	1	2.97	2.97	2.97	1	2.69	2.69	2.69	1	1.66	1.66	1.66
Rec 06	1	0.73	0.73	0.73	1	0.77	0.77	0.77	1	4.39	4.39	4.39
Rec 07	1	0.91	0.91	0.91	1	3.62	3.62	3.62	1	3.00	3.00	3.00
Rec 08	1	1.71	1.71	1.71	1	0.45	0.45	0.45	1	6.33	6.33	6.33
Rec 09	1	1.84	1.84	1.84	1	2.23	2.23	2.23	1	1.56	1.56	1.56
Rec 10	1	3.13	3.13	3.13	1	1.90	1.90	1.90	1	3.22	3.22	3.22
Rec 11	1	1.68	1.68	1.68	1	2.54	2.54	2.54	1	3.85	3.85	3.85
Rec 12	1	2.83	2.83	2.83	1	1.48	1.48	1.48	1	2.51	2.51	2.51
Rec 13	1	1.86	1.86	1.86	1	1.39	1.39	1.39	-	-	-	-
Rec 14	1	3.47	3.47	3.47	1	1.90	1.90	1.90	1	2.51	2.51	2.51
Rec 15	1	4.14	4.14	4.14	1	2.26	2.26	2.26	1	2.00	2.00	2.00
Rec 16	1	2.21	2.21	2.21	1	0.67	0.67	0.67	1	4.64	4.64	4.64
Rec 17	1	1.91	1.91	1.91	1	1.82	1.82	1.82	1	3.10	3.10	3.10
Rec 18	1	1.48	1.48	1.48	1	3.48	3.48	3.48	1	3.18	3.18	3.18
Rec 19	1	2.63	2.63	2.63	1	2.15	2.15	2.15	1	3.65	3.65	3.65
Rec 20	1	1.24	1.24	1.24	1	5.57	5.57	5.57	1	0.51	0.51	0.51
Rec 21	1	0.87	0.87	0.87	1	2.98	2.98	2.98	1	1.94	1.94	1.94
Rec 22	1	1.42	1.42	1.42	1	2.44	2.44	2.44	1	3.34	3.34	3.34
Rec 23	1	2.62	2.62	2.62	1	1.71	1.71	1.71	1	2.33	2.33	2.33
Rec 24	1	1.95	1.95	1.95	1	1.43	1.43	1.43	1	4.45	4.45	4.45
Rec 25	1	1.62	1.62	1.62	1	2.59	2.59	2.59	1	2.62	2.62	2.62
Rec 26	1	5.27	5.27	5.27	1	1.62	1.62	1.62	1	0.53	0.53	0.53
Rec 27	1	2.22	2.22	2.22	1	2.23	2.23	2.23	1	3.63	3.63	3.63
Rec 28	1	1.43	1.43	1.43	1	2.19	2.19	2.19	1	2.41	2.41	2.41
Rec 29	1	2.93	2.93	2.93	1	3.48	3.48	3.48	1	1.42	1.42	1.42
Rec 30	1	3.42	3.42	3.42	1	2.06	2.06	2.06	1	1.21	1.21	1.21
Rec 31	1	2.11	2.11	2.11	1	3.66	3.66	3.66	1	1.86	1.86	1.86
Rec 32	1	0.12	0.12	0.12	-	-	-	-	1	2.45	2.45	2.45
Rec 33	1	0.32	0.32	0.32	1	0.19	0.19	0.19	1	4.63	4.63	4.63
Rec 34	1	1.03	1.03	1.03	1	2.25	2.25	2.25	1	3.65	3.65	3.65
Rec 35	1	1.73	1.73	1.73	1	3.88	3.88	3.88	1	2.87	2.87	2.87
Rec 36	1	2.00	2.00	2.00	1	4.50	4.50	4.50	1	1.35	1.35	1.35
Rec 37	1	1.62	1.62	1.62	1	2.06	2.06	2.06	1	4.37	4.37	4.37
Rec 38	1	1.32	1.32	1.32	1	1.98	1.98	1.98	1	1.68	1.68	1.68
Rec 39	1	1.95	1.95	1.95	1	2.73	2.73	2.73	1	3.66	3.66	3.66
Rec 40	1	1.12	1.12	1.12	1	2.16	2.16	2.16	1	1.15	1.15	1.15
Rec 41	1	2.64	2.64	2.64	1	2.38	2.38	2.38	1	3.40	3.40	3.40
Rec 42	1	2.37	2.37	2.37	1	1.64	1.64	1.64	1	3.67	3.67	3.67
Rec 43	1	1.16	1.16	1.16	1	2.27	2.27	2.27	1	3.71	3.71	3.71
Rec 44	1	1.01	1.01	1.01	1	3.97	3.97	3.97	1	1.84	1.84	1.84
Rec 45	1	1.14	1.14	1.14	1	4.90	4.90	4.90	1	1.80	1.80	1.80
Rec 46	1	0.39	0.39	0.39	-	-	-	-	1	1.88	1.88	1.88
Rec 47	1	5.34	5.34	5.34	1	3.12	3.12	3.12	1	0.08	0.08	0.08
Rec 48	1	2.07	2.07	2.07	1	3.73	3.73	3.73	1	1.27	1.27	1.27
Rec 49	1	3.41	3.41	3.41	1	3.31	3.31	3.31	1	1.12	1.12	1.12
Rec 50	1	3.73	3.73	3.73	1	1.85	1.85	1.85	1	2.18	2.18	2.18
Rec 51	1	3.01	3.01	3.01	1	3.47	3.47	3.47	1	1.31	1.31	1.31
Rec 52	1	2.57	2.57	2.57	1	3.55	3.55	3.55	1	1.64	1.64	1.64
Rec 53	1	0.84	0.84	0.84	1	3.28	3.28	3.28	1	1.15	1.15	1.15
Rec 01	1	5.47	5.47	5.47	1	1.33	1.33	1.33	1	1.43	1.43	1.43
Rec 54	1	2.77	2.77	2.77	1	1.44	1.44	1.44	1	4.33	4.33	4.33
All Recordings	54	2.20	5.47	118.96	52	2.37	5.57	123.02	53	2.58	6.33	136.89

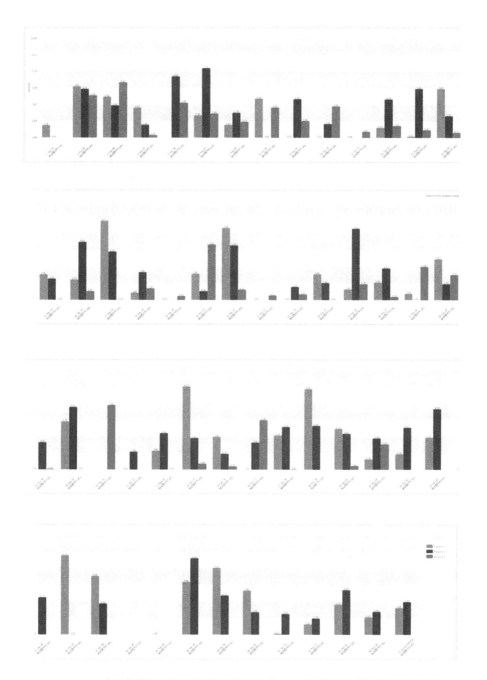

布拉格景观眼动议实验测试系列示意——02号景观眼动数据统计柱状图

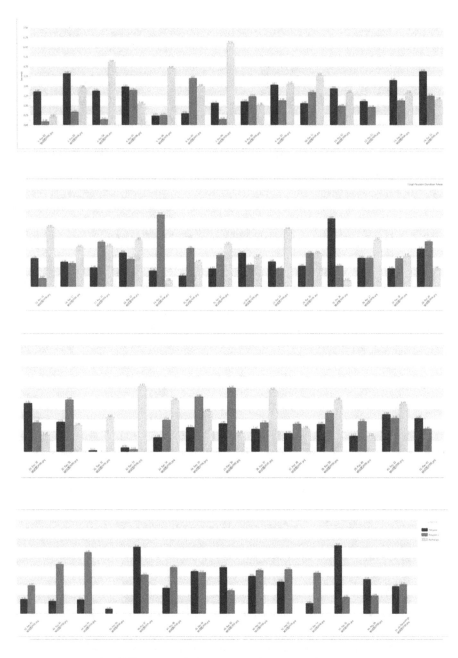

布拉格景观眼动议实验测试系列示意——06号景观眼动数据统计柱状图

附录4 空间句法数据统计分析

伦敦中心区空间句法数据统计分析：

INDEX	CONNEC	CONTROL	INTEGRATIO	TOTAL_DEPT	THREE_DEPT	INTEGRATIO
1	3	0.87500	0.81005	236.00	17.00	1.89581
2	7	3.08333	1.57000	145.00	23.00	3.29502
3	3	0.62500	1.04308	194.00	29.00	2.25163
4	8	3.66667	1.05027	193.00	22.00	3.76574
5	3	1.00000	0.94006	210.00	9.00	1.69831
6	3	0.83333	0.93429	211.00	13.00	1.77410
7	3	0.91667	1.05757	192.00	11.00	1.72399
8	4	1.14286	1.49303	150.00	30.00	2.48202
9	3	0.87500	0.81005	236.00	17.00	1.89581
10	2	0.66667	0.65360	281.00	6.00	1.05603
11	3	0.70833	0.81438	235.00	19.00	1.95865
12	3	0.79167	0.84138	229.00	19.00	1.95865
13	3	0.34286	1.15371	180.00	18.00	1.65883
14	5	2.58333	1.02208	197.00	15.00	2.65413
15	4	0.92619	1.31284	164.00	24.00	2.35382
16	1	0.33333	0.65081	282.00	5.00	0.50003
17	2	0.83333	0.69539	267.00	8.00	1.16346
18	3	1.70000	0.81438	235.00	13.00	1.77410
19	2	0.45000	0.84605	228.00	12.00	1.37919
20	2	0.66667	1.02208	197.00	14.00	1.47842
21	2	1.20000	0.80152	238.00	10.00	1.27373
22	1	0.50000	0.64257	285.00	3.00	0.21093
23	1	0.50000	0.71835	260.00	3.00	0.21093
24	5	2.08333	1.05027	193.00	15.00	2.65413
25	3	0.67619	1.22814	172.00	23.00	2.08112
26	2	0.34286	1.15371	180.00	18.00	1.65883
27	1	0.20000	0.77699	244.00	9.00	0.87259
28	2	0.37500	1.18054	177.00	22.00	1.81856
29	3	0.83333	1.05027	193.00	15.00	1.83339
30	4	1.36667	0.92859	212.00	16.00	2.21178
31	3	1.45000	0.80152	238.00	17.00	1.89581
32	1	0.33333	0.64257	285.00	5.00	0.50003
33	3	0.78333	1.03598	195.00	15.00	1.83339
34	4	1.05952	1.29059	166.00	22.00	2.31235
35	3	0.78333	1.01526	198.00	15.00	1.83339
36	2	1.00000	0.90649	216.00	6.00	1.05603
37	2	0.70000	0.93429	211.00	12.00	1.37919
38	6	2.25000	1.26908	168.00	24.00	2.92891
39	2	0.37500	0.80152	238.00	16.00	1.57148
40	2	1.16667	0.92297	213.00	12.00	1.37919
41	3	0.83333	0.99536	201.00	17.00	1.89581
42	3	1.00000	0.81005	236.00	9.00	1.69831
43	4	1.50000	0.67385	274.00	10.00	2.29866
44	1	0.12500	0.79317	240.00	15.00	1.26722
45	1	0.14286	1.05757	192.00	13.00	1.14933
46	5	1.83333	0.92297	213.00	15.00	2.65413
47	2	0.83333	0.64529	284.00	8.00	1.16346
48	3	1.20000	0.75019	251.00	11.00	1.72399
49	2	0.53333	0.73570	255.00	10.00	1.27373

柏林中心区空间句法数据统计分析：

INDEX	CONNEC	CONTROL	INTEGRATIO	TOTAL_DEPT	THREE_DEPT	INTEGRATIO
1	2	0.75000	0.75528	395.00	8.00	1.16346
2	4	1.15000	0.94266	330.00	14.00	2.20007
3	2	0.53333	0.79928	377.00	10.00	1.27373
4	2	0.66667	0.82601	367.00	10.00	1.27373
5	2	0.66667	0.81510	371.00	6.00	1.05603
6	1	0.25000	0.75298	396.00	7.00	0.70402
7	4	0.80952	1.23488	268.00	38.00	2.64713
8	3	0.64286	1.07850	297.00	17.00	1.89581
9	4	1.91667	0.94627	329.00	10.00	2.29866
10	7	1.95000	1.30675	257.00	21.00	3.36260
11	3	0.72619	0.99187	317.00	17.00	1.89581
12	3	0.80952	1.08323	296.00	19.00	1.95865
13	1	0.08333	1.06916	299.00	23.00	1.65324
14	2	0.41667	1.08323	296.00	24.00	1.89192
15	3	0.91667	1.13292	286.00	27.00	2.19668
16	12	6.66667	1.50595	232.00	38.00	4.52183
17	2	0.75000	0.75528	395.00	8.00	1.16346
18	4	1.15000	0.94266	330.00	14.00	2.20007
19	2	1.00000	0.82325	368.00	6.00	1.05603
20	2	0.75000	1.00397	314.00	10.00	1.27373
21	3	0.67619	1.27307	262.00	19.00	1.95865
22	1	0.50000	0.78906	381.00	3.00	0.21093
23	2	1.14286	1.00397	314.00	14.00	1.47842
24	2	0.39286	1.08323	296.00	16.00	1.57148
25	2	0.64286	1.01220	312.00	16.00	1.57148
26	7	2.53333	1.36451	249.00	25.00	3.25236
27	5	1.39286	1.30675	257.00	21.00	2.60139
28	3	0.61667	1.26654	263.00	29.00	2.25163
29	1	0.08333	1.06916	299.00	23.00	1.65324
30	1	0.08333	1.06916	299.00	23.00	1.65324
31	2	0.33333	1.08800	295.00	26.00	1.96152
32	1	0.08333	1.06916	299.00	23.00	1.65324
33	3	0.53333	1.28633	260.00	33.00	2.35605
34	1	0.20000	0.90467	341.00	9.00	0.87259
35	5	1.86667	1.19891	274.00	23.00	2.61536
36	5	1.53333	0.96475	324.00	15.00	2.65413
37	3	1.20000	0.84006	362.00	11.00	1.72399
38	3	1.33333	0.85459	357.00	7.00	1.74518
39	3	1.08333	0.99990	315.00	11.00	1.72399
40	4	0.92619	1.22265	270.00	22.00	2.31235
41	4	0.75952	1.32073	255.00	26.00	2.39638
42	5	1.14286	1.40327	244.00	23.00	2.61536
43	2	0.30000	1.21663	271.00	22.00	1.81856
44	5	1.51667	1.32783	254.00	23.00	2.61536
45	4	0.98333	1.32783	254.00	20.00	2.27320
46	3	0.70000	1.16498	280.00	19.00	1.95865
47	4	0.87619	1.15409	282.00	24.00	2.35382
48	4	0.44286	1.23488	268.00	25.00	2.13984
49	7	1.96667	1.34226	252.00	23.00	3.29502
50	5	0.99286	1.32073	255.00	25.00	2.63602
51	3	0.50952	1.11754	289.00	19.00	1.95865
52	6	1.28333	1.52454	230.00	40.00	3.04546
53	5	2.51667	1.33501	253.00	29.00	2.68886
54	1	0.20000	0.98006	320.00	9.00	0.87259
55	2	0.24286	1.21663	271.00	22.00	1.81856
56	4	0.71667	1.75160	209.00	38.00	2.64713
57	10	2.74286	1.77681	207.00	34.00	4.02966
58	6	2.08333	1.64651	218.00	42.00	3.06942
59	2	0.66667	1.15951	281.00	14.00	1.47842
60	2	1.00000	0.89810	343.00	6.00	1.05603
61	2	0.75000	0.86054	355.00	10.00	1.27373
62	4	1.58333	1.10257	292.00	26.00	2.39638
63	2	0.41667	1.16498	280.00	16.00	1.57148
64	2	0.41667	1.28633	260.00	18.00	1.65883
65	4	1.28333	1.36451	249.00	20.00	2.27320
66	4	1.05952	1.32073	255.00	28.00	2.43927
67	4	0.63571	1.41129	243.00	40.00	2.68644
68	4	1.25000	1.34960	251.00	22.00	2.31235
69	1	0.20000	0.98006	320.00	9.00	0.87259

布拉格中心区空间句法数据统计分析：

INDEX	CONNEC	CONTROL	INTEGRATIO	TOTAL_DEPT	THREE_DEPT	INTEGRATIO
1	1	0.33333	0.02351	51860.00	5.00	0.50003
2	3	1.41667	0.02361	51637.00	15.00	1.83339
3	4	0.95000	0.02364	51581.00	22.00	2.31235
4	4	1.03333	0.02362	51626.00	24.00	2.35382
5	1	0.50000	0.02317	52619.00	3.00	0.21093
6	2	1.50000	0.02327	52396.00	4.00	1.00006
7	2	1.00000	0.02337	52175.00	6.00	1.05603
8	2	1.00000	0.02347	51956.00	6.00	1.05603
9	2	0.75000	0.02356	51739.00	10.00	1.27373
10	4	1.50000	0.02366	51524.00	18.00	2.23846
11	2	0.37500	0.02373	51377.00	20.00	1.74102
12	4	0.95000	0.02362	51619.00	22.00	2.31235
13	6	2.15833	0.02370	51449.00	32.00	2.96080
14	1	0.16667	0.02360	51672.00	11.00	1.01899
15	8	2.62500	0.02378	51281.00	40.00	3.45310
16	4	0.88258	0.02379	51250.00	38.00	2.64713
17	11	3.83333	0.02387	51086.00	57.00	4.03737
18	1	0.33333	0.02359	51686.00	5.00	0.50003
19	3	1.66667	0.02369	51463.00	11.00	1.72399
20	6	1.86667	0.02379	51243.00	26.00	2.92713
21	4	1.09091	0.02383	51160.00	38.00	2.64713
22	3	0.83333	0.02371	51414.00	11.00	1.72399
23	3	0.62500	0.02375	51327.00	23.00	2.08112
24	8	1.99369	0.02385	51122.00	54.00	3.52531
25	2	0.62500	0.02372	51392.00	18.00	1.65883
26	2	0.59091	0.02377	51289.00	24.00	1.89192
27	2	0.34091	0.02379	51253.00	24.00	1.89192
28	4	1.06944	0.02379	51259.00	24.00	2.35382
29	3	0.45202	0.02382	51179.00	35.00	2.40565
30	9	2.35278	0.02383	51162.00	47.00	3.66893
31	9	2.46944	0.02377	51296.00	57.00	3.70379
32	3	0.87500	0.02363	51591.00	19.00	1.95865
33	3	0.83333	0.02375	51346.00	15.00	1.83339
34	4	1.11111	0.02373	51389.00	26.00	2.39638
35	3	0.62500	0.02363	51590.00	19.00	1.95865
36	4	1.12500	0.02369	51464.00	20.00	2.27320
37	8	2.52778	0.02373	51378.00	34.00	3.46163
38	3	0.95833	0.02363	51593.00	17.00	1.89581
39	6	3.41667	0.02358	51707.00	16.00	3.13384
40	3	0.91667	0.02357	51719.00	15.00	1.83339
41	1	0.16667	0.02348	51930.00	11.00	1.01899
42	1	0.16667	0.02348	51930.00	11.00	1.01899
43	2	0.50000	0.02354	51802.00	14.00	1.47842
44	4	1.11111	0.02367	51504.00	30.00	2.48202
45	2	0.75000	0.02357	51725.00	8.00	1.16346
46	2	0.83333	0.02347	51940.00	6.00	1.05603
47	5	1.55556	0.02375	51345.00	33.00	2.74932
48	5	2.14444	0.02371	51425.00	29.00	2.68886
49	1	0.20000	0.02361	51648.00	9.00	0.87259
50	3	0.90000	0.02365	51552.00	17.00	1.89581
51	2	0.83333	0.02358	51697.00	8.00	1.16346
52	2	0.70000	0.02354	51790.00	12.00	1.37919
53	3	0.61667	0.02355	51773.00	19.00	1.95865

54	5	2.53333	0.02352	51840.00	17.00	2.61153
55	2	0.45000	0.02348	51920.00	14.00	1.47842
56	4	1.50000	0.02353	51805.00	16.00	2.21178
57	6	1.31667	0.02362	51617.00	34.00	2.97941
58	6	1.86667	0.02361	51633.00	26.00	2.92713
59	2	0.50000	0.02351	51852.00	12.00	1.37919
60	3	1.16667	0.02357	51737.00	13.00	1.77410
61	2	0.66667	0.02360	51667.00	10.00	1.27373
62	3	1.20000	0.02366	51538.00	11.00	1.72399
63	2	0.53333	0.02365	51544.00	10.00	1.27373
64	5	1.58333	0.02376	51325.00	23.00	2.61536
65	3	0.91667	0.02375	51336.00	15.00	1.83339
66	4	1.20000	0.02374	51363.00	24.00	2.35382
67	3	1.00000	0.02370	51437.00	17.00	1.89581
68	2	0.83333	0.02360	51652.00	8.00	1.16346
69	2	0.75000	0.02364	51579.00	10.00	1.27373
70	3	0.91667	0.02366	51526.00	13.00	1.77410
71	3	0.91667	0.02359	51691.00	13.00	1.77410
72	4	1.50000	0.02355	51763.00	16.00	2.21178
73	3	1.25000	0.02356	51759.00	11.00	1.72399
74	2	0.83333	0.02346	51980.00	6.00	1.05603
75	2	0.75000	0.02345	51984.00	8.00	1.16346
76	3	0.86667	0.02360	51668.00	15.00	1.83339
77	5	1.61667	0.02362	51629.00	27.00	2.66102
78	2	0.45000	0.02357	51723.00	14.00	1.47842
79	4	1.11667	0.02364	51582.00	18.00	2.23846
80	3	0.91667	0.02368	51487.00	13.00	1.77410
81	2	0.75000	0.02374	51361.00	10.00	1.27373
82	2	0.75000	0.02366	51530.00	10.00	1.27373
83	2	0.59091	0.02377	51286.00	24.00	1.89192
84	1	0.50000	0.02366	51530.00	3.00	0.21093
85	2	1.09091	0.02376	51307.00	22.00	1.81856
86	1	0.50000	0.00053	########	3.00	0.21093
87	2	2.00000	0.00053	########	2.00	
88	1	0.50000	0.00053	########	3.00	0.21093
89	8	3.09091	0.02382	51194.00	44.00	3.46518
90	2	0.66667	0.02356	51755.00	6.00	1.05603
91	3	1.08333	0.02357	51731.00	11.00	1.72399
92	4	1.66667	0.02358	51710.00	16.00	2.21178
93	4	1.20833	0.02374	51355.00	26.00	2.39638
94	3	1.08333	0.02365	51554.00	11.00	1.72399
95	2	0.50000	0.02366	51536.00	14.00	1.47842
96	2	0.70000	0.02331	52302.00	12.00	1.37919
97	5	1.70000	0.02341	52085.00	23.00	2.61536
98	2	0.83333	0.02321	52519.00	8.00	1.16346
99	3	2.00000	0.02312	52724.00	7.00	1.74518
100	1	0.33333	0.02302	52947.00	5.00	0.50003
101	2	0.53333	0.02322	52507.00	14.00	1.47842
102	5	2.36667	0.02332	52290.00	21.00	2.60139
103	1	0.20000	0.02322	52513.00	9.00	0.87259
104	3	1.70000	0.02322	52507.00	13.00	1.77410
105	1	0.33333	0.02312	52730.00	5.00	0.50003
106	2	0.83333	0.02312	52725.00	8.00	1.16346
107	2	0.83333	0.02320	52550.00	8.00	1.16346

108	3	1.08333	0.02330	52333.00	11.00	1.72399
109	3	0.78333	0.02330	52328.00	15.00	1.83339
110	4	1.11667	0.02339	52122.00	16.00	2.21178
111	2	0.45000	0.02349	51900.00	16.00	1.57148
112	3	1.00000	0.02365	51549.00	17.00	1.89581
113	2	0.45833	0.02373	51375.00	20.00	1.74102
114	2	0.45833	0.02373	51379.00	20.00	1.74102
115	3	1.08333	0.02365	51559.00	9.00	1.69831
116	4	1.25000	0.02357	51734.00	14.00	2.20007
117	3	0.83333	0.02356	51741.00	11.00	1.72399
118	4	1.03333	0.02348	51924.00	18.00	2.23846
119	4	1.12500	0.02374	51350.00	26.00	2.39638
120	2	0.58333	0.02365	51552.00	12.00	1.37919
121	3	1.25000	0.02357	51727.00	13.00	1.77410
122	4	1.11667	0.02356	51741.00	18.00	2.23846
123	3	1.00000	0.02354	51793.00	11.00	1.72399
124	2	0.83333	0.02344	52008.00	8.00	1.16346
125	2	0.83333	0.02337	52169.00	8.00	1.16346
126	3	1.16667	0.02342	52055.00	9.00	1.69831
127	3	0.91667	0.02352	51840.00	13.00	1.77410
128	5	1.50000	0.02357	51734.00	19.00	2.59795
129	2	0.53333	0.02347	51950.00	14.00	1.47842
130	3	1.16667	0.02342	52051.00	9.00	1.69831
131	4	0.88258	0.02380	51240.00	36.00	2.60698
132	2	0.44444	0.02367	51517.00	18.00	1.65883
133	3	0.62500	0.02363	51587.00	25.00	2.13984
134	2	0.37500	0.02371	51432.00	22.00	1.81856
135	4	1.23611	0.02379	51252.00	28.00	2.43927
136	2	0.36111	0.02372	51397.00	22.00	1.81856
137	3	0.81111	0.02367	51514.00	21.00	2.02062
138	2	0.53333	0.02361	51643.00	12.00	1.37919
139	3	0.64444	0.02377	51286.00	29.00	2.25163
140	5	1.70000	0.02372	51395.00	23.00	2.61536
141	2	0.70000	0.02363	51589.00	12.00	1.37919
142	2	1.00000	0.02357	51733.00	6.00	1.05603
143	2	0.83333	0.02353	51825.00	8.00	1.16346
144	3	1.03333	0.02350	51874.00	13.00	1.77410
145	5	1.53333	0.02356	51755.00	27.00	2.66102
146	3	1.03333	0.02348	51936.00	13.00	1.77410
147	2	0.83333	0.02339	52125.00	8.00	1.16346
148	2	1.00000	0.02342	52068.00	6.00	1.05603
149	2	0.75000	0.02350	51886.00	10.00	1.27373
150	4	1.33333	0.02359	51683.00	18.00	2.23846
151	3	0.83333	0.02353	51811.00	15.00	1.83339
152	4	0.83333	0.02367	51518.00	28.00	2.43927
153	6	2.41667	0.02372	51392.00	30.00	2.94506
154	6	1.75000	0.02369	51461.00	34.00	2.97941
155	6	1.36667	0.02370	51449.00	36.00	3.00008
156	3	0.86667	0.02372	51410.00	23.00	2.08112
157	2	0.66667	0.02363	51593.00	10.00	1.27373
158	3	0.83333	0.02364	51569.00	21.00	2.02062
159	2	0.83333	0.02354	51787.00	8.00	1.16346
160	2	1.00000	0.02345	52002.00	6.00	1.05603
161	2	1.00000	0.02341	52069.00	6.00	1.05603

162	2	0.66667	0.02351	51851.00	14.00	1.47842
163	2	0.70000	0.02346	51972.00	12.00	1.37919
164	2	1.00000	0.02337	52177.00	6.00	1.05603
165	2	0.75000	0.02343	52041.00	10.00	1.27373
166	4	1.95000	0.02352	51834.00	16.00	2.21178
167	1	0.25000	0.02342	52057.00	7.00	0.70402
168	4	1.11667	0.02356	51740.00	18.00	2.23846
169	3	0.75000	0.02360	51667.00	19.00	1.95865
170	5	1.00000	0.02361	51631.00	31.00	2.71852
171	3	0.95000	0.02358	51709.00	19.00	1.95865
172	2	0.83333	0.02357	51731.00	8.00	1.16346
173	2	0.66667	0.02361	51634.00	14.00	1.47842
174	2	0.66667	0.02364	51585.00	14.00	1.47842
175	1	0.16667	0.02362	51615.00	11.00	1.01899
176	2	1.00000	0.02356	51757.00	6.00	1.05603
177	2	1.00000	0.02349	51902.00	6.00	1.05603
178	2	0.70000	0.02349	51905.00	12.00	1.37919
179	5	2.20000	0.02355	51780.00	21.00	2.60139
180	2	0.70000	0.02355	51776.00	12.00	1.37919
181	2	1.00000	0.02369	51472.00	6.00	1.05603
182	2	1.00000	0.02361	51634.00	6.00	1.05603
183	2	1.00000	0.02357	51734.00	6.00	1.05603
184	4	1.75000	0.02360	51658.00	12.00	2.21763
185	2	0.58333	0.02350	51874.00	10.00	1.27373
186	3	1.08333	0.02360	51659.00	9.00	1.69831
187	1	0.50000	0.02333	52249.00	3.00	0.21093
188	2	1.25000	0.02343	52026.00	8.00	1.16346
189	1	0.20000	0.02342	52063.00	9.00	0.87259
190	2	0.83333	0.02347	51944.00	8.00	1.16346
191	2	1.00000	0.02354	51802.00	6.00	1.05603
192	2	1.00000	0.02362	51617.00	6.00	1.05603
193	2	0.62500	0.02372	51411.00	18.00	1.65883
194	5	2.00000	0.02360	51664.00	15.00	2.65413
195	2	0.32500	0.02367	51501.00	18.00	1.65883
196	2	0.32500	0.02367	51501.00	18.00	1.65883
197	3	0.82500	0.02367	51500.00	17.00	1.89581
198	2	0.53333	0.02359	51694.00	10.00	1.27373
199	1	0.50000	0.02332	52277.00	3.00	0.21093
200	2	1.33333	0.02342	52054.00	6.00	1.05603
201	3	1.50000	0.02352	51833.00	9.00	1.69831
202	2	0.83333	0.02357	51725.00	8.00	1.16346
203	2	1.00000	0.02367	51512.00	6.00	1.05603
204	2	0.59091	0.02377	51299.00	24.00	1.89192
205	2	0.83333	0.02362	51620.00	8.00	1.16346
206	2	0.62500	0.02372	51407.00	18.00	1.65883
207	1	0.50000	0.02325	52443.00	3.00	0.21093
208	2	1.50000	0.02335	52220.00	4.00	1.00006
209	2	0.70000	0.02345	51999.00	12.00	1.37919
210	2	0.53333	0.02350	51876.00	14.00	1.47842
211	3	1.50000	0.02353	51806.00	9.00	1.69831
212	2	0.83333	0.02357	51730.00	8.00	1.16346
213	2	0.83333	0.02364	51573.00	8.00	1.16346
214	3	0.91667	0.02372	51394.00	15.00	1.83339
215	4	0.94444	0.02379	51259.00	28.00	2.43927

216	6	1.91667	0.02376	51323.00	24.00	2.92891
217	3	0.66667	0.02369	51459.00	23.00	2.08112
218	3	0.91667	0.02362	51616.00	13.00	1.77410
219	3	0.78333	0.02368	51499.00	17.00	1.89581
220	4	1.16667	0.02365	51564.00	16.00	2.21178
221	2	0.83333	0.02360	51671.00	8.00	1.16346
222	2	0.66667	0.02367	51508.00	14.00	1.47842
223	3	0.75000	0.02373	51387.00	15.00	1.83339
224	2	0.23611	0.02379	51262.00	24.00	1.89192
225	3	0.50000	0.02377	51303.00	29.00	2.25163
226	2	0.70000	0.02364	51567.00	8.00	1.16346
227	2	0.70000	0.02364	51567.00	8.00	1.16346
228	2	0.50000	0.02369	51464.00	12.00	1.37919
229	1	1.00000	0.00053	########	1.00	
230	1	1.00000	0.00053	########	1.00	

威尼斯中心区空间句法数据统计分析：

INDEX	CONNEC	CONTROL	INTEGRATIO	TOTAL_DEPT	THREE_DEPT	INTEGRATIO
1	3	2.00000	0.32264	20464.00	7.00	1.74518
2	2	0.58333	0.32302	20441.00	12.00	1.37919
3	4	1.22619	0.33800	19574.00	20.00	2.27320
4	2	0.66667	0.33697	19631.00	10.00	1.27373
5	3	1.16667	0.35317	18771.00	17.00	1.89581
6	2	1.33333	0.33672	19645.00	6.00	1.05603
7	1	0.50000	0.32171	20521.00	3.00	0.21093
8	6	1.59286	0.37111	17906.00	38.00	3.02224
9	4	1.58333	0.32315	20433.00	12.00	2.21763
10	3	1.64286	0.44652	15030.00	17.00	1.89581
11	1	0.33333	0.42049	15906.00	5.00	0.50003
12	7	2.91667	0.47566	14163.00	29.00	3.21280
13	2	0.83333	0.42069	15899.00	8.00	1.16346
14	2	1.00000	0.39876	16725.00	6.00	1.05603
15	2	1.00000	0.38049	17486.00	6.00	1.05603
16	2	1.00000	0.38185	17427.00	6.00	1.05603
17	2	0.75000	0.40298	16559.00	10.00	1.27373
18	4	1.58333	0.42662	15690.00	14.00	2.20007
19	4	1.72619	0.44963	14932.00	22.00	2.31235
20	3	1.50000	0.42490	15750.00	11.00	1.72399
21	1	0.33333	0.40127	16626.00	5.00	0.50003
22	1	0.25000	0.42325	15808.00	7.00	0.70402
23	1	0.14286	0.44624	15039.00	13.00	1.14933
24	2	0.58333	0.40593	16445.00	12.00	1.37919
25	3	0.86667	0.38756	17183.00	19.00	1.95865
26	5	1.36667	0.37054	17932.00	23.00	2.61536
27	3	0.73333	0.36924	17992.00	17.00	1.89581
28	3	1.16667	0.36825	18038.00	11.00	1.72399
29	3	0.70000	0.38756	17183.00	23.00	2.08112
30	6	1.95000	0.40756	16383.00	28.00	2.93330
31	2	0.50000	0.38590	17253.00	16.00	1.57148
32	3	1.33333	0.38424	17324.00	11.00	1.72399
33	2	0.66667	0.40237	16583.00	10.00	1.27373
34	3	1.08333	0.42445	15766.00	13.00	1.77410
35	3	0.91667	0.38454	17311.00	13.00	1.77410
36	4	1.53333	0.38840	17148.00	28.00	2.43927
37	3	0.75000	0.38600	17249.00	19.00	1.95865
38	4	1.25000	0.40458	16497.00	16.00	2.21178
39	4	0.98333	0.42700	15677.00	20.00	2.27320
40	5	1.20000	0.45159	14871.00	27.00	2.66102
41	3	0.75000	0.44922	14945.00	19.00	1.95865
42	6	1.84286	0.47659	14137.00	30.00	2.94506
43	3	0.80952	0.44807	14981.00	21.00	2.02062
44	2	0.83333	0.42218	15846.00	8.00	1.16346
45	2	1.00000	0.40028	16665.00	6.00	1.05603
46	2	1.00000	0.38185	17427.00	6.00	1.05603
47	2	1.00000	0.36531	18176.00	6.00	1.05603
48	2	0.83333	0.35080	18892.00	8.00	1.16346
49	3	0.80952	0.50235	13457.00	21.00	2.02062
50	2	0.66667	0.53092	12780.00	10.00	1.27373
51	3	1.03333	0.56349	12092.00	13.00	1.77410
52	3	0.86667	0.55921	12178.00	15.00	1.83339
53	3	1.33333	0.52589	12894.00	11.00	1.72399

54	2	0.83333	0.49741	13582.00	8.00	1.16346
55	2	0.64286	0.47224	14259.00	16.00	1.57148
56	2	0.66667	0.49054	13760.00	10.00	1.27373
57	1	0.33333	0.43294	15474.00	5.00	0.50003
58	3	2.00000	0.46058	14598.00	7.00	1.74518
59	2	0.66667	0.48627	13873.00	10.00	1.27373
60	3	1.25000	0.52022	13025.00	13.00	1.77410
61	1	0.20000	0.55415	12281.00	9.00	0.87259
62	5	2.02778	0.60026	11405.00	29.00	2.68886
63	4	1.11667	0.56005	12161.00	24.00	2.35382
64	2	0.50000	0.47370	14218.00	16.00	1.57148
65	3	1.00000	0.49945	13530.00	13.00	1.77410
66	3	0.86111	0.59406	11515.00	23.00	2.08112
67	4	1.33333	0.52848	12835.00	18.00	2.23846
68	4	1.16667	0.49894	13543.00	16.00	2.21178
69	3	0.78333	0.47462	14192.00	15.00	1.83339
70	4	1.23333	0.45059	14902.00	18.00	2.23846
71	5	1.20000	0.42859	15622.00	27.00	2.66102
72	5	1.45000	0.38775	17175.00	23.00	2.61536
73	3	0.56667	0.40653	16422.00	23.00	2.08112
74	2	0.50000	0.49287	13699.00	14.00	1.47842
75	4	2.83333	0.52202	12983.00	10.00	2.29866
76	3	0.91667	0.56045	12153.00	17.00	1.89581
77	1	0.25000	0.48680	13859.00	7.00	0.70402
78	1	0.25000	0.48680	13859.00	7.00	0.70402
79	2	0.58333	0.54934	12381.00	10.00	1.27373
80	2	0.61111	0.58880	11610.00	18.00	1.65883
81	2	0.75000	0.54800	12409.00	8.00	1.16346
82	4	1.44444	0.59294	11535.00	20.00	2.27320
83	3	0.83333	0.47373	14217.00	13.00	1.77410
84	4	1.25000	0.50084	13495.00	14.00	2.20007
85	3	0.83333	0.52892	12825.00	15.00	1.83339
86	3	0.69444	0.59703	11462.00	25.00	2.13984
87	9	3.78333	0.64100	10736.00	37.00	3.69806
88	3	0.78333	0.60777	11275.00	15.00	1.83339
89	3	1.03333	0.59828	11440.00	13.00	1.77410
90	2	0.44444	0.58918	11603.00	22.00	1.81856
91	5	1.50000	0.62582	10975.00	19.00	2.59795
92	4	1.33333	0.66278	10412.00	22.00	2.31235
93	2	1.00000	0.43389	15442.00	6.00	1.05603
94	2	1.00000	0.46091	14588.00	6.00	1.05603
95	2	1.00000	0.49153	13734.00	6.00	1.05603
96	2	0.83333	0.52650	12880.00	8.00	1.16346
97	3	1.25000	0.56683	12026.00	13.00	1.77410
98	2	1.00000	0.38835	17150.00	6.00	1.05603
99	2	0.83333	0.36898	18004.00	8.00	1.16346
100	3	1.50000	0.35210	18825.00	9.00	1.69831
101	2	0.83333	0.36970	17971.00	8.00	1.16346
102	2	1.00000	0.38914	17117.00	6.00	1.05603
103	2	1.00000	0.41074	16263.00	6.00	1.05603
104	2	1.00000	0.43487	15409.00	6.00	1.05603
105	2	1.00000	0.46203	14555.00	6.00	1.05603
106	2	0.75000	0.49279	13701.00	10.00	1.27373
107	2	0.83333	0.33583	19695.00	8.00	1.16346

108	2	1.00000	0.32095	20567.00	6.00	1.05603
109	2	1.50000	0.30731	21441.00	4.00	1.00006
110	1	0.50000	0.29476	22317.00	3.00	0.21093
111	1	0.50000	0.43309	15469.00	3.00	0.21093
112	2	1.50000	0.46075	14593.00	4.00	1.00006
113	2	0.75000	0.49210	13719.00	10.00	1.27373
114	4	1.66667	0.52795	12847.00	16.00	2.21178
115	2	0.58333	0.61106	11219.00	12.00	1.37919
116	3	1.25000	0.50259	13451.00	13.00	1.77410
117	2	0.83333	0.47042	14311.00	8.00	1.16346
118	2	0.83333	0.44205	15173.00	8.00	1.16346
119	3	1.83333	0.41686	16037.00	9.00	1.69831
120	1	0.33333	0.39409	16913.00	5.00	0.50003
121	3	1.83333	0.39428	16905.00	9.00	1.69831
122	2	1.50000	0.35555	18651.00	4.00	1.00006
123	1	0.50000	0.33885	19527.00	3.00	0.21093
124	1	0.33333	0.37385	17781.00	5.00	0.50003
125	6	1.72778	0.68423	10113.00	42.00	3.06942
126	1	0.11111	0.58869	11612.00	17.00	1.37505
127	2	0.50000	0.62527	10984.00	14.00	1.47842
128	3	1.03333	0.57618	11845.00	11.00	1.72399
129	3	1.03333	0.57803	11810.00	13.00	1.77410
130	2	0.83333	0.57062	11952.00	8.00	1.16346
131	2	1.00000	0.57983	11776.00	6.00	1.05603
132	2	0.60000	0.62170	11042.00	22.00	1.81856
133	1	0.10000	0.62115	11051.00	19.00	1.47452
134	1	0.10000	0.62115	11051.00	19.00	1.47452
135	3	0.47500	0.67065	10300.00	37.00	2.45363
136	10	4.99167	0.67967	10175.00	40.00	3.91892
137	3	0.83333	0.65016	10597.00	17.00	1.89581
138	3	0.86667	0.65960	10458.00	15.00	1.83339
139	3	1.16667	0.62632	10967.00	9.00	1.69831
140	2	1.33333	0.57639	11841.00	6.00	1.05603
141	1	0.50000	0.53375	12717.00	3.00	0.21093
142	3	0.70000	0.69783	9933.00	25.00	2.13984
143	3	0.70000	0.70681	9818.00	21.00	2.02062
144	2	0.60000	0.62158	11044.00	22.00	1.81856
145	2	1.00000	0.57845	11802.00	6.00	1.05603
146	2	1.00000	0.55396	12285.00	6.00	1.05603
147	2	1.00000	0.54460	12481.00	6.00	1.05603
148	2	0.66667	0.58831	11619.00	14.00	1.47842
149	2	0.60000	0.62152	11045.00	22.00	1.81856
150	2	0.58629	11656.00	6.00	1.05603
151	2	1.00000	0.56872	11989.00	6.00	1.05603
152	2	0.66667	0.58825	11620.00	14.00	1.47842
153	2	0.60000	0.63114	10890.00	22.00	1.81856
154	2	0.83333	0.60469	11328.00	8.00	1.16346
155	3	0.83333	0.59467	11504.00	25.00	2.13984
156	6	2.41667	0.64009	10750.00	26.00	2.92713
157	3	0.80000	0.66803	10337.00	27.00	2.19668
158	2	0.50000	0.63925	10763.00	16.00	1.57148
159	5	1.26667	0.70101	9892.00	37.00	2.81258
160	2	0.83333	0.50711	13339.00	8.00	1.16346
161	2	1.00000	0.52742	12859.00	6.00	1.05603

162	2	1.00000	0.56551	12052.00	6.00	1.05603
163	1	0.12500	0.60754	11279.00	15.00	1.26722
164	8	3.43333	0.66340	10403.00	40.00	3.45310
165	2	0.62500	0.60830	11266.00	18.00	1.65883
166	2	0.83333	0.56229	12116.00	8.00	1.16346
167	3	0.95833	0.62850	10932.00	21.00	2.02062
168	2	0.83333	0.57877	11796.00	8.00	1.16346
169	2	0.83333	0.53665	12653.00	8.00	1.16346
170	3	1.50000	0.52954	12811.00	9.00	1.69831
171	2	0.83333	0.50275	13447.00	8.00	1.16346
172	2	1.00000	0.49138	13738.00	6.00	1.05603
173	2	1.00000	0.48504	13906.00	6.00	1.05603
174	2	0.70000	0.49302	13695.00	12.00	1.37919
175	3	1.45833	0.62813	10938.00	19.00	1.95865
176	1	0.33333	0.57782	11814.00	5.00	0.50003
177	3	1.00000	0.60637	11299.00	13.00	1.77410
178	3	1.50000	0.59294	11535.00	17.00	1.89581
179	1	0.33333	0.54791	12411.00	5.00	0.50003
180	1	0.33333	0.50251	13453.00	5.00	0.50003
181	3	1.41667	0.54014	12577.00	17.00	1.89581
182	6	1.53333	0.58326	11712.00	38.00	3.02224
183	4	1.50952	0.54781	12413.00	30.00	2.48202
184	1	0.25000	0.50915	13289.00	7.00	0.70402
185	5	1.72619	0.52853	12834.00	25.00	2.63602
186	2	0.70000	0.49275	13702.00	12.00	1.37919
187	2	0.83333	0.46629	14430.00	8.00	1.16346
188	1	0.33333	0.43344	15457.00	5.00	0.50003
189	3	2.00000	0.46115	14581.00	7.00	1.74518
190	2	0.66667	0.48993	13776.00	10.00	1.27373
191	3	1.03333	0.52527	12908.00	13.00	1.77410
192	7	2.81667	0.53839	12615.00	31.00	3.20754
193	3	0.70000	0.53556	12677.00	19.00	1.95865
194	3	0.64286	0.54376	12499.00	21.00	2.02062
195	3	0.79167	0.63437	10839.00	29.00	2.25163
196	2	0.66667	0.58455	11688.00	10.00	1.27373
197	3	2.00000	0.54682	12434.00	7.00	1.74518
198	1	0.33333	0.50829	13310.00	5.00	0.50003
199	2	0.50000	0.52822	12841.00	16.00	1.57148
200	2	0.50000	0.52047	13019.00	16.00	1.57148
201	3	1.16667	0.49484	13648.00	9.00	1.69831
202	3	1.16667	0.47576	14160.00	9.00	1.69831
203	2	1.33333	0.44639	15034.00	6.00	1.05603
204	1	0.50000	0.42038	15910.00	3.00	0.21093
205	3	1.00000	0.50829	13310.00	11.00	1.72399
206	3	0.86667	0.54578	12456.00	15.00	1.83339
207	5	2.14286	0.56390	12084.00	23.00	2.61536
208	1	0.14286	0.50100	13491.00	13.00	1.14933
209	2	0.30952	0.54371	12500.00	22.00	1.81856
210	3	0.67619	0.52817	12842.00	23.00	2.08112
211	5	1.50000	0.56450	12072.00	21.00	2.60139
212	1	0.33333	0.53926	12596.00	5.00	0.50003
213	1	0.20000	0.52301	12960.00	9.00	0.87259
214	3	0.78333	0.58433	11692.00	15.00	1.83339
215	4	0.94444	0.62881	10927.00	32.00	2.52434

216	3	0.91667	0.47077	14301.00	11.00	1.72399
217	4	1.36667	0.50343	13430.00	18.00	2.23846
218	3	1.16667	0.44230	15165.00	7.00	1.74518
219	2	0.58333	0.47070	14303.00	10.00	1.27373
220	3	1.00000	0.47098	14295.00	11.00	1.72399
221	3	0.86667	0.50351	13428.00	15.00	1.83339
222	3	0.78333	0.50707	13340.00	17.00	1.89581
223	5	1.58333	0.54069	12565.00	23.00	2.61536
224	4	1.08333	0.54867	12395.00	26.00	2.39638
225	2	0.45000	0.51051	13256.00	14.00	1.47842
226	4	1.58333	0.51088	13247.00	16.00	2.21178
227	2	0.75000	0.47738	14115.00	10.00	1.27373
228	2	0.83333	0.44794	14985.00	8.00	1.16346
229	2	0.41667	0.50359	13426.00	16.00	1.57148
230	6	2.00000	0.54027	12574.00	28.00	2.93330
231	2	0.66667	0.50577	13372.00	14.00	1.47842
232	2	0.64286	0.49997	13517.00	16.00	1.57148
233	7	2.98333	0.53479	12694.00	21.00	3.36260
234	6	1.61667	0.57378	11891.00	34.00	2.97941
235	4	0.67778	0.56541	12054.00	38.00	2.64713
236	5	1.75952	0.54939	12380.00	23.00	2.61536
237	3	0.50952	0.54886	12391.00	21.00	2.02062
238	2	0.30952	0.53697	12646.00	20.00	1.74102
239	3	1.41667	0.50727	13335.00	15.00	1.83339
240	1	0.33333	0.45807	14673.00	5.00	0.50003
241	3	1.45000	0.48913	13797.00	13.00	1.77410
242	1	0.20000	0.46649	14424.00	9.00	0.87259
243	1	0.50000	0.39118	17032.00	3.00	0.21093
244	2	1.33333	0.41361	16156.00	6.00	1.05603
245	3	1.50000	0.43871	15282.00	9.00	1.69831
246	1	0.50000	0.39118	17032.00	3.00	0.21093
247	2	1.33333	0.41361	16156.00	6.00	1.05603
248	2	0.53333	0.46684	14414.00	14.00	1.47842
249	5	2.58333	0.49874	13548.00	15.00	2.65413
250	2	0.70000	0.48755	13839.00	12.00	1.37919
251	1	0.33333	0.47394	14211.00	5.00	0.50003
252	3	1.32500	0.46819	14375.00	25.00	2.13984
253	5	1.75000	0.47491	14184.00	21.00	2.60139
254	2	0.58333	0.42013	15919.00	8.00	1.16346
255	1	0.25000	0.39711	16791.00	7.00	0.70402
256	1	0.50000	0.35785	18537.00	3.00	0.21093
257	2	1.50000	0.37652	17661.00	4.00	1.00006
258	2	0.75000	0.39721	16787.00	10.00	1.27373
259	4	2.33333	0.42024	15915.00	8.00	2.54747
260	4	1.03333	0.50128	13484.00	20.00	2.27320
261	3	0.70000	0.48631	13872.00	19.00	1.95865
262	2	0.70000	0.44605	15045.00	12.00	1.37919
263	2	1.00000	0.42058	15903.00	6.00	1.05603
264	2	1.00000	0.39803	16754.00	6.00	1.05603
265	2	0.83333	0.37781	17604.00	8.00	1.16346
266	3	1.16667	0.36553	18166.00	9.00	1.69831
267	3	1.66667	0.35547	18655.00	7.00	1.74518
268	1	0.33333	0.33878	19531.00	5.00	0.50003
269	3	1.16667	0.36901	18003.00	9.00	1.69831

270	2	0.58333	0.38529	17279.00	12.00	1.37919
271	4	1.66667	0.40664	16418.00	12.00	2.21763
272	3	1.58333	0.40638	16428.00	9.00	1.69831
273	1	0.33333	0.38471	17304.00	5.00	0.50003
274	1	0.50000	0.34794	19040.00	3.00	0.21093
275	2	1.50000	0.36557	18164.00	4.00	1.00006
276	2	0.75000	0.38504	17290.00	10.00	1.27373
277	3	0.91667	0.43025	15565.00	13.00	1.77410
278	3	1.45833	0.45672	14714.00	21.00	2.02062
279	1	0.33333	0.42952	15590.00	5.00	0.50003
280	1	0.12500	0.45583	14741.00	15.00	1.26722
281	4	1.03333	0.47000	14323.00	18.00	2.23846
282	4	1.11667	0.46742	14397.00	18.00	2.23846
283	4	1.22619	0.45914	14641.00	24.00	2.35382
284	3	0.83333	0.44759	14996.00	15.00	1.83339
285	3	1.33333	0.43311	15468.00	11.00	1.72399
286	1	0.33333	0.41631	16057.00	5.00	0.50003
287	3	1.50000	0.44181	15181.00	11.00	1.72399
288	4	1.58333	0.44252	15158.00	14.00	2.20007
289	2	0.58333	0.42982	15580.00	12.00	1.37919
290	5	1.33333	0.49725	13586.00	21.00	2.60139
291	4	1.53333	0.50711	13339.00	16.00	2.21178
292	2	0.75000	0.47402	14209.00	10.00	1.27373
293	2	1.00000	0.44542	15065.00	6.00	1.05603
294	2	1.00000	0.42317	15811.00	6.00	1.05603
295	2	0.75000	0.41711	16028.00	10.00	1.27373
296	9	3.23333	0.59155	11560.00	39.00	3.68331
297	2	0.44444	0.55149	12336.00	22.00	1.81856
298	3	0.95000	0.52103	13006.00	15.00	1.83339
299	3	0.81111	0.56959	11972.00	25.00	2.13984
300	2	0.53547	0.53547	12679.00	12.00	1.37919
301	4	0.79286	0.52795	12847.00	24.00	2.35382
302	1	0.50000	0.50968	13276.00	3.00	0.21093
303	2	1.20000	0.54843	12400.00	10.00	1.27373
304	5	1.61111	0.59344	11526.00	31.00	2.71852
305	3	1.16667	0.62194	11038.00	13.00	1.77410
306	3	0.86667	0.60748	11280.00	19.00	1.95865
307	3	1.83333	0.55733	12216.00	9.00	1.69831
308	1	0.33333	0.51736	13092.00	5.00	0.50003
309	2	0.22222	0.59958	11417.00	32.00	2.15109
310	2	0.61102	0.54691	12432.00	20.00	1.74102
311	2	1.00000	0.50854	13304.00	6.00	1.05603
312	2	1.00000	0.51576	13130.00	6.00	1.05603
313	1	0.33333	0.36470	18205.00	5.00	0.50003
314	3	2.33333	0.38412	17329.00	7.00	1.74518
315	1	0.33333	0.36470	18205.00	5.00	0.50003
316	3	1.33333	0.40562	16457.00	11.00	1.72399
317	2	0.83333	0.42949	15591.00	8.00	1.16346
318	2	0.62500	0.45629	14727.00	18.00	1.65883
319	2	1.33333	0.38408	17331.00	6.00	1.05603
320	1	0.50000	0.36466	18207.00	3.00	0.21093
321	2	0.83333	0.43422	15431.00	8.00	1.16346
322	2	0.62500	0.45606	14734.00	18.00	1.65883
323	2	0.47619	0.43111	15536.00	18.00	1.65883

324	7	2.16667	0.45831	14666.00	31.00	3.20754
325	3	0.60119	0.45900	14645.00	29.00	2.25163
326	3	0.97619	0.43938	15260.00	17.00	1.89581
327	2	0.66667	0.46182	14561.00	10.00	1.27373
328	3	1.50000	0.43996	15241.00	9.00	1.69831
329	2	0.83333	0.41979	15931.00	8.00	1.16346
330	2	1.00000	0.40925	16319.00	6.00	1.05603
331	2	1.00000	0.41253	16196.00	6.00	1.05603
332	2	0.75000	0.43231	15495.00	10.00	1.27373
333	3	0.95000	0.55323	12300.00	19.00	1.95865
334	2	1.33333	0.51391	13174.00	6.00	1.05603
335	1	0.50000	0.47974	14050.00	3.00	0.21093
336	1	0.33333	0.45672	14714.00	5.00	0.50003
337	3	1.58333	0.48758	13838.00	9.00	1.69831
338	4	1.50000	0.52224	12978.00	14.00	2.20007
339	2	0.75000	0.49953	13528.00	10.00	1.27373
340	2	0.83333	0.48635	13871.00	8.00	1.16346
341	3	1.33333	0.48168	13997.00	11.00	1.72399
342	3	0.91667	0.47937	14060.00	17.00	1.89581
343	4	1.22619	0.45817	14670.00	24.00	2.35382
344	2	0.83333	0.46132	14576.00	8.00	1.16346
345	2	1.00000	0.45367	14807.00	6.00	1.05603
346	2	1.00000	0.46182	14561.00	6.00	1.05603
347	2	0.83333	0.47645	14141.00	8.00	1.16346
348	3	1.50000	0.50143	13480.00	9.00	1.69831
349	2	0.83333	0.49768	13575.00	8.00	1.16346
350	2	0.64286	0.56647	12033.00	16.00	1.57148
351	2	1.00000	0.52751	12857.00	6.00	1.05603
352	7	2.61667	0.61409	11168.00	35.00	3.21437
353	3	1.64286	0.56764	12010.00	17.00	1.89581
354	1	0.33333	0.52624	12886.00	5.00	0.50003
355	2	0.66667	0.53074	12784.00	10.00	1.27373
356	1	0.33333	0.44385	15115.00	5.00	0.50003
357	3	1.66667	0.47295	14239.00	7.00	1.74518
358	1	0.33333	0.44794	14985.00	5.00	0.50003
359	3	1.66667	0.47760	14109.00	11.00	1.72399
360	3	1.00000	0.48300	13961.00	11.00	1.72399
361	2	0.33333	0.49476	13650.00	18.00	1.65883
362	2	1.25000	0.43087	15544.00	8.00	1.16346
363	1	0.50000	0.40659	16420.00	3.00	0.21093
364	4	1.09286	0.44420	15104.00	22.00	2.31235
365	2	0.45000	0.41907	15957.00	12.00	1.37919
366	5	1.83333	0.43075	15548.00	13.00	2.75009
367	2	0.45833	0.48396	13935.00	20.00	1.74102
368	4	1.25000	0.46502	14467.00	14.00	2.20007
369	1	0.16667	0.45350	14812.00	11.00	1.01899
370	6	2.66667	0.48393	13936.00	18.00	3.03094
371	2	0.33333	0.46118	14580.00	14.00	1.47842
372	3	0.58333	0.48237	13978.00	19.00	1.95865
373	1	0.25000	0.46632	14429.00	7.00	0.70402
374	4	1.97619	0.49855	13553.00	20.00	2.27320
375	2	0.41667	0.47398	14210.00	16.00	1.57148
376	6	1.58333	0.50108	13489.00	30.00	2.94506
377	6	2.33333	0.52475	12920.00	24.00	2.92891

378	3	1.00000	0.54064	12566.00	19.00	1.95865
379	3	0.80952	0.52519	12910.00	23.00	2.08112
380	2	0.30952	0.51129	13237.00	22.00	1.81856
381	2	0.30952	0.51129	13237.00	22.00	1.81856
382	1	0.25000	0.40745	16387.00	7.00	0.70402
383	1	0.25000	0.40745	16387.00	7.00	0.70402
384	1	0.25000	0.40745	16387.00	7.00	0.70402
385	4	3.33333	0.43184	15511.00	8.00	2.54747
386	3	1.08333	0.45914	14641.00	11.00	1.72399
387	2	0.66667	0.45900	14645.00	6.00	1.05603
388	3	1.16667	0.49000	13774.00	9.00	1.69831
389	1	0.14286	0.48698	13854.00	13.00	1.14933
390	7	3.58333	0.52224	12978.00	23.00	3.29502
391	2	1.00000	0.52901	12823.00	6.00	1.05603
392	2	0.75000	0.53384	12715.00	10.00	1.27373
393	4	1.64286	0.57634	11842.00	22.00	2.31235
394	2	0.58333	0.55183	12329.00	12.00	1.37919
395	3	1.66667	0.47789	14101.00	15.00	1.83339
396	1	0.33333	0.44820	14977.00	5.00	0.50003
397	2	0.83333	0.46819	14375.00	8.00	1.16346
398	2	0.64286	0.48796	13828.00	16.00	1.57148
399	3	0.67619	0.58461	11687.00	23.00	2.08112
400	3	0.56111	0.60118	11389.00	27.00	2.19668
401	3	1.31111	0.58283	11720.00	25.00	2.13984
402	4	0.92222	0.60135	11386.00	40.00	2.68644
403	9	3.16667	0.62459	10995.00	33.00	3.75010
404	2	0.61111	0.61522	11149.00	20.00	1.74102
405	2	0.83333	0.61582	11139.00	8.00	1.16346
406	3	0.97619	0.63712	10796.00	17.00	1.89581
407	3	1.61111	0.57676	11834.00	21.00	2.02062
408	1	0.33333	0.53406	12710.00	5.00	0.50003
409	2	0.83333	0.54357	12503.00	8.00	1.16346
410	2	0.83333	0.53633	12660.00	8.00	1.16346
411	3	1.08333	0.54171	12543.00	11.00	1.72399
412	3	1.58333	0.53137	12770.00	9.00	1.69831
413	1	0.33333	0.49492	13646.00	5.00	0.50003
414	4	1.66667	0.56234	12115.00	12.00	2.21763
415	2	0.75000	0.55256	12314.00	10.00	1.27373
416	2	1.00000	0.56632	12036.00	6.00	1.05603
417	2	0.83333	0.61236	11197.00	8.00	1.16346
418	3	1.16667	0.66740	10346.00	13.00	1.77410
419	3	0.80952	0.65610	10509.00	19.00	1.95865
420	1	0.50000	0.45429	14788.00	3.00	0.21093
421	2	1.50000	0.48482	13912.00	4.00	1.00006
422	2	0.83333	0.51966	13038.00	8.00	1.16346
423	3	1.08333	0.55980	12166.00	11.00	1.72399
424	1	0.33333	0.51940	13044.00	5.00	0.50003
425	3	1.58333	0.55970	12168.00	9.00	1.69831
426	4	1.50000	0.60643	11298.00	14.00	2.20007
427	2	0.50000	0.57708	11828.00	14.00	1.47842
428	3	0.91667	0.65278	10558.00	21.00	2.02062
429	6	2.53333	0.71472	9719.00	26.00	2.92713
430	1	0.16667	0.65030	10595.00	11.00	1.01899
431	1	0.50000	0.55285	12308.00	3.00	0.21093

432	2	1.33333	0.59873	11432.00	6.00	1.05603
433	3	0.76667	0.69059	10028.00	25.00	2.13984
434	3	0.60000	0.70452	9847.00	31.00	2.30474
435	1	0.10000	0.64743	10638.00	19.00	1.47452
436	3	1.34286	0.61260	11193.00	21.00	2.02062
437	1	0.33333	0.56465	12069.00	5.00	0.50003
438	7	3.33333	0.64697	10645.00	21.00	3.36260
439	1	0.14286	0.59372	11521.00	13.00	1.14933
440	3	0.80952	0.62919	10921.00	19.00	1.95865
441	3	1.00000	0.61703	11119.00	11.00	1.72399
442	3	1.16667	0.61463	11159.00	9.00	1.69831
443	2	0.47619	0.59975	11414.00	18.00	1.65883
444	3	1.16667	0.57139	11937.00	9.00	1.69831
445	7	2.23333	0.63609	10812.00	31.00	3.20754
446	2	0.47619	0.62391	11006.00	18.00	1.65883
447	3	0.61905	0.61987	11072.00	27.00	2.19668
448	3	0.50952	0.64048	10744.00	27.00	2.19668
449	5	1.30952	0.62360	11011.00	23.00	2.61536
450	3	0.59286	0.63539	10823.00	19.00	1.95865
451	4	0.74286	0.67661	10217.00	38.00	2.64713
452	6	1.81667	0.65822	10478.00	24.00	2.92891
453	7	2.11667	0.64446	10683.00	23.00	3.29502
454	5	3.33333	0.55154	12335.00	11.00	2.95684
455	3	0.67619	0.58515	11677.00	23.00	2.08112
456	2	0.34286	0.58493	11681.00	20.00	1.74102
457	1	0.20000	0.51237	13211.00	9.00	0.87259
458	1	0.20000	0.51237	13211.00	9.00	0.87259
459	2	0.40000	0.57103	11944.00	18.00	1.65883
460	5	1.54286	0.62763	10946.00	33.00	2.74932
461	5	1.48571	0.61951	11078.00	37.00	2.81258
462	2	0.70000	0.57072	11950.00	12.00	1.37919
463	2	1.50000	0.52897	12824.00	4.00	1.00006
464	1	0.50000	0.49283	13700.00	3.00	0.21093
465	2	0.47619	0.59434	11510.00	16.00	1.57148
466	1	0.50000	0.53470	12696.00	3.00	0.21093
467	2	1.20000	0.57750	11820.00	10.00	1.27373
468	2	0.66667	0.61017	11234.00	14.00	1.47842
469	2	0.70000	0.60032	11404.00	12.00	1.37919
470	3	0.50952	0.62060	11060.00	25.00	2.13984
471	5	1.20000	0.64236	10715.00	33.00	2.74932
472	4	1.11667	0.61094	11221.00	20.00	2.27320
473	2	0.58333	0.57472	11873.00	12.00	1.37919
474	3	1.00000	0.57692	11831.00	13.00	1.77410
475	4	1.01786	0.61047	11229.00	30.00	2.48202
476	7	2.33333	0.62237	11031.00	23.00	3.29502
477	2	0.28571	0.59305	11533.00	24.00	1.89192
478	4	0.66071	0.61059	11227.00	36.00	2.60698
479	3	0.51786	0.59100	11570.00	27.00	2.19668
480	3	0.70833	0.56440	12074.00	21.00	2.02062
481	1	0.33333	0.60186	11377.00	5.00	0.50003
482	3	1.24286	0.65665	10501.00	31.00	2.30474
483	8	2.66667	0.58831	11619.00	30.00	3.49913
484	1	0.50000	0.44586	15051.00	3.00	0.21093
485	2	1.33333	0.47523	14175.00	6.00	1.05603

486	1	0.33333	0.47516	14177.00	5.00	0.50003
487	3	1.83333	0.50866	13301.00	9.00	1.69831
488	3	0.91667	0.54696	12431.00	13.00	1.77410
489	4	1.14286	0.57994	11774.00	18.00	2.23846
490	3	0.97619	0.60707	11287.00	15.00	1.83339
491	1	0.10000	0.64743	10638.00	19.00	1.47452
492	2	0.43333	0.65137	10579.00	22.00	1.81856
493	2	1.33333	0.58536	11673.00	6.00	1.05603
494	1	0.50000	0.54143	12549.00	3.00	0.21093
495	5	1.53333	0.59534	11492.00	21.00	2.60139
496	10	4.75000	0.71126	9762.00	34.00	4.02966
497	3	0.93333	0.65994	10453.00	23.00	2.08112
498	2	0.66667	0.62483	10991.00	6.00	1.05603
499	3	1.16667	0.66306	10408.00	9.00	1.69831
500	3	0.70000	0.69051	10029.00	25.00	2.13984
501	5	2.50000	0.68283	10132.00	15.00	2.65413
502	1	0.20000	0.62379	11008.00	9.00	0.87259
503	3	1.20000	0.65325	10551.00	11.00	1.72399
504	2	0.53333	0.64041	10745.00	14.00	1.47842
505	5	2.45000	0.64394	10691.00	19.00	2.59795
506	2	1.25000	0.56566	12049.00	8.00	1.16346
507	4	1.70000	0.61367	11175.00	18.00	2.23846
508	1	0.50000	0.52453	12925.00	3.00	0.21093
509	2	1.25000	0.56566	12049.00	8.00	1.16346
510	2	0.39286	0.58825	11620.00	20.00	1.74102
511	7	4.25000	0.51200	13220.00	21.00	3.36260
512	1	0.14286	0.47807	14096.00	13.00	1.14933
513	1	0.14286	0.47807	14096.00	13.00	1.14933
514	1	0.20000	0.59117	11567.00	9.00	0.87259
515	2	0.40000	0.61100	11220.00	14.00	1.47842
516	5	2.03333	0.64210	10719.00	19.00	2.59795
517	1	0.50000	0.54517	12469.00	3.00	0.21093
518	2	1.20000	0.58973	11593.00	10.00	1.27373
519	3	0.89286	0.53375	12717.00	19.00	1.95865
520	1	0.14286	0.47807	14096.00	13.00	1.14933
521	3	0.72619	0.49624	13612.00	19.00	1.95865
522	4	2.47619	0.48612	13877.00	18.00	2.23846
523	1	0.25000	0.45543	14753.00	7.00	0.70402
524	1	0.25000	0.45543	14753.00	7.00	0.70402
525	2	0.53333	0.63763	10788.00	10.00	1.27373
526	2	0.53333	0.64883	10617.00	14.00	1.47842
527	3	1.70000	0.59546	11490.00	13.00	1.77410
528	2	0.66667	0.55970	12168.00	10.00	1.27373
529	1	0.33333	0.55005	12366.00	5.00	0.50003
530	3	0.89286	0.54972	12373.00	21.00	2.02062
531	4	1.20000	0.57513	11865.00	18.00	2.23846
532	3	0.93333	0.68194	10144.00	27.00	2.19668
533	3	0.78333	0.61023	11233.00	19.00	1.95865
534	3	1.16667	0.63693	10799.00	13.00	1.77410
535	3	0.57619	0.65658	10502.00	29.00	2.25163
536	2	0.53333	0.52211	12981.00	12.00	1.37919
537	5	1.70000	0.56189	12124.00	21.00	2.60139
538	2	0.53333	0.52193	12985.00	14.00	1.47842
539	3	1.08333	0.50024	13510.00	11.00	1.72399

540	3	0.83333	0.47584	14158.00	13.00	1.77410
541	4	1.33333	0.48947	13788.00	12.00	2.21763
542	3	1.08333	0.49678	13598.00	11.00	1.72399
543	2	0.58333	0.51158	13230.00	12.00	1.37919
544	4	1.28333	0.54872	12394.00	16.00	2.21178
545	3	0.95000	0.54677	12435.00	13.00	1.77410
546	2	0.58333	0.52462	12923.00	12.00	1.37919
547	4	1.47619	0.51902	13053.00	16.00	2.21178
548	4	1.45000	0.55415	12281.00	16.00	2.21178
549	2	0.75000	0.52950	12812.00	10.00	1.27373
550	2	0.83333	0.52323	12955.00	8.00	1.16346
551	1	0.50000	0.49160	13732.00	3.00	0.21093
552	2	1.20000	0.52755	12856.00	10.00	1.27373
553	5	2.16667	0.56908	11982.00	19.00	2.59795
554	2	0.45000	0.54639	12443.00	16.00	1.57148
555	2	0.53333	0.56179	12126.00	14.00	1.47842
556	3	0.95833	0.57703	11829.00	23.00	2.08112
557	3	1.03333	0.57253	11915.00	15.00	1.83339
558	3	0.95000	0.55925	12177.00	13.00	1.77410
559	3	0.65000	0.57592	11850.00	17.00	1.89581
560	4	1.06667	0.55314	12302.00	20.00	2.27320
561	2	0.66667	0.53889	12604.00	8.00	1.16346
562	5	1.41667	0.57108	11943.00	19.00	2.59795
563	2	0.39286	0.49882	13546.00	14.00	1.47842
564	2	0.39286	0.49565	13627.00	16.00	1.57148
565	7	2.50000	0.52022	13025.00	27.00	3.22663
566	1	0.50000	0.47366	14219.00	3.00	0.21093
567	2	1.33333	0.50695	13303.00	6.00	1.05603
568	3	0.95833	0.54517	12469.00	23.00	2.08112
569	3	1.83333	0.52698	12869.00	9.00	1.69831
570	1	0.33333	0.49111	13745.00	5.00	0.50003
571	2	0.66667	0.53325	12728.00	10.00	1.27373
572	3	1.03333	0.54564	12459.00	17.00	1.89581
573	3	0.95000	0.57331	11900.00	19.00	1.95865
574	4	1.16667	0.58836	11618.00	18.00	2.23846
575	3	0.70833	0.56279	12106.00	21.00	2.02062
576	3	0.83333	0.56821	11999.00	15.00	1.83339
577	2	0.37500	0.55029	12361.00	20.00	1.74102
578	4	1.50000	0.53492	12691.00	12.00	2.21763
579	3	1.75000	0.49823	13561.00	11.00	1.72399
580	1	0.50000	0.43783	15311.00	3.00	0.21093
581	2	1.33333	0.46611	14435.00	6.00	1.05603
582	1	0.33333	0.46605	14437.00	5.00	0.50003
583	1	0.25000	0.56495	12063.00	7.00	0.70402
584	4	1.95000	0.61296	11187.00	18.00	2.23846
585	2	0.75000	0.58202	11735.00	10.00	1.27373
586	2	0.83333	0.57383	11890.00	8.00	1.16346
587	3	0.86667	0.53569	12674.00	13.00	1.77410
588	5	1.58333	0.53811	12621.00	21.00	2.60139
589	4	1.36667	0.50862	13302.00	22.00	2.31235
590	2	0.58333	0.47551	14167.00	12.00	1.37919
591	3	2.00000	0.44646	15032.00	7.00	1.74518
592	1	0.33333	0.42044	15908.00	5.00	0.50003
593	2	0.83333	0.42069	15899.00	8.00	1.16346

594	2	1.00000	0.39773	16766.00	6.00	1.05603
595	2	1.00000	0.37722	17630.00	6.00	1.05603
596	2	1.00000	0.37727	17628.00	6.00	1.05603
597	2	1.00000	0.39781	16763.00	6.00	1.05603
598	2	1.00000	0.42074	15897.00	6.00	1.05603
599	2	0.83333	0.44652	15030.00	8.00	1.16346
600	3	1.25000	0.47566	14163.00	13.00	1.77410
601	3	1.25000	0.43084	15545.00	11.00	1.72399
602	2	0.83333	0.40661	16419.00	6.00	1.05603
603	2	0.75000	0.43046	15558.00	8.00	1.16346
604	4	1.66667	0.45771	14684.00	12.00	2.21763
605	2	0.58333	0.45237	14847.00	10.00	1.27373
606	3	0.83333	0.48834	13818.00	17.00	1.89581
607	3	1.03333	0.48226	13981.00	15.00	1.83339
608	5	1.83333	0.51129	13237.00	17.00	2.61153
609	2	0.70000	0.50084	13495.00	10.00	1.27373
610	2	0.66667	0.51500	13148.00	12.00	1.37919
611	6	1.95000	0.55450	12274.00	24.00	2.92891
612	3	0.78333	0.50275	13447.00	13.00	1.77410
613	2	0.45000	0.50271	13448.00	14.00	1.47842
614	3	1.03333	0.49203	13721.00	17.00	1.89581
615	2	0.83333	0.48381	13939.00	8.00	1.16346
616	2	0.75000	0.50211	13463.00	10.00	1.27373
617	3	1.33333	0.48061	14026.00	11.00	1.72399
618	2	0.83333	0.46509	14465.00	8.00	1.16346
619	2	0.83333	0.46213	14552.00	8.00	1.16346
620	3	1.16667	0.46478	14474.00	15.00	1.83339
621	3	1.00000	0.44184	15180.00	15.00	1.83339
622	3	0.70000	0.44311	15139.00	17.00	1.89581
623	2	0.66667	0.43777	15313.00	8.00	1.16346
624	6	2.03333	0.46937	14341.00	26.00	2.92713
625	2	0.50000	0.44376	15118.00	16.00	1.57148
626	3	1.16667	0.44410	15107.00	13.00	1.77410
627	3	1.66667	0.43807	15303.00	11.00	1.72399
628	1	0.33333	0.41299	16179.00	5.00	0.50003
629	3	0.91667	0.46253	14540.00	13.00	1.77410
630	3	0.83333	0.46919	14346.00	15.00	1.83339
631	3	1.08333	0.47491	14184.00	11.00	1.72399
632	2	0.66667	0.47419	14204.00	10.00	1.27373
633	3	0.86667	0.44314	15138.00	19.00	1.95865
634	2	0.50000	0.42102	15887.00	14.00	1.47842
635	2	0.53333	0.39901	16715.00	12.00	1.37919
636	2	0.53333	0.36489	18196.00	14.00	1.47842
637	1	0.20000	0.35163	18849.00	9.00	0.87259
638	5	3.00000	0.36965	17973.00	19.00	2.59795
639	3	1.16667	0.38284	17384.00	15.00	1.83339
640	6	2.56667	0.40327	16548.00	24.00	2.92891
641	1	0.16667	0.38192	17424.00	11.00	1.01899
642	3	0.86667	0.40685	16410.00	19.00	1.95865
643	2	0.83333	0.42568	15723.00	8.00	1.16346
644	2	0.70000	0.44931	14942.00	12.00	1.37919
645	5	1.70000	0.47749	14112.00	27.00	2.66102
646	2	0.70000	0.44810	14980.00	12.00	1.37919
647	5	1.33333	0.40906	16326.00	23.00	2.61536

648	4	1.11667	0.41755	16012.00	24.00	2.35382
649	2	0.50000	0.39586	16841.00	14.00	1.47842
650	4	1.20000	0.37695	17642.00	24.00	2.35382
651	3	0.75000	0.36462	18209.00	19.00	1.95865
652	3	0.83333	0.38307	17374.00	19.00	1.95865
653	4	1.11667	0.40255	16576.00	18.00	2.23846
654	4	2.00000	0.41647	16051.00	14.00	2.20007
655	1	0.25000	0.39374	16927.00	7.00	0.70402
656	3	0.78333	0.42221	15845.00	15.00	1.83339
657	3	0.83333	0.44601	15046.00	21.00	2.02062
658	3	0.73333	0.46912	14348.00	19.00	1.95865
659	5	1.20000	0.48940	13790.00	31.00	2.71852
660	4	0.90000	0.46413	14493.00	24.00	2.35382
661	2	1.00000	0.42221	15845.00	6.00	1.05603
662	2	0.83333	0.42775	15651.00	8.00	1.16346
663	2	1.00000	0.41280	16186.00	6.00	1.05603
664	3	1.50000	0.45383	14802.00	9.00	1.69831
665	6	2.03333	0.35978	18442.00	26.00	2.92713
666	4	1.20000	0.36557	18164.00	18.00	2.23846
667	3	1.00000	0.37742	17621.00	17.00	1.89581
668	2	0.75000	0.34308	19297.00	10.00	1.27373
669	2	1.50000	0.32754	20171.00	4.00	1.00006
670	1	0.50000	0.31332	21047.00	3.00	0.21093
671	4	1.50000	0.36013	18425.00	14.00	2.20007
672	2	0.58333	0.39537	16861.00	12.00	1.37919
673	6	1.73333	0.50997	13269.00	32.00	2.96080
674	2	0.50000	0.47666	14135.00	16.00	1.57148
675	5	1.47619	0.48120	14010.00	29.00	2.68886
676	2	0.45000	0.45204	14857.00	14.00	1.47842
677	2	0.83333	0.44116	15202.00	8.00	1.16346
678	3	1.03333	0.46718	14404.00	13.00	1.77410
679	2	0.70000	0.42187	15857.00	12.00	1.37919
680	2	0.45000	0.45416	14792.00	16.00	1.57148
681	5	0.92619	0.45563	14747.00	33.00	2.74932
682	5	1.50952	0.44791	14986.00	27.00	2.66102
683	4	1.11667	0.42408	15779.00	24.00	2.35382
684	6	1.49286	0.44874	14960.00	30.00	2.94506
685	2	0.41667	0.42283	15823.00	14.00	1.47842
686	7	1.76667	0.47398	14210.00	35.00	3.21437
687	2	0.39286	0.46135	14575.00	16.00	1.57148
688	5	1.16667	0.42450	15764.00	27.00	2.66102
689	4	1.36667	0.47992	14045.00	20.00	2.27320
690	6	1.61667	0.44076	15215.00	28.00	2.93330
691	2	0.83333	0.44517	15073.00	8.00	1.16346
692	2	0.75000	0.45794	14677.00	10.00	1.27373
693	4	1.41667	0.48856	13812.00	16.00	2.21178
694	3	0.66667	0.50120	13486.00	25.00	2.13984
695	4	1.47619	0.50776	13323.00	20.00	2.27320
696	2	1.25000	0.47444	14197.00	8.00	1.16346
697	1	0.50000	0.44517	15073.00	3.00	0.21093
698	2	1.00000	0.45612	14732.00	6.00	1.05603
699	2	0.64286	0.48582	13885.00	16.00	1.57148
700	2	1.00000	0.43161	15519.00	6.00	1.05603
701	2	1.00000	0.43859	15286.00	6.00	1.05603

702	2	0.70000	0.45629	14727.00	12.00	1.37919
703	4	0.89286	0.51707	13099.00	32.00	2.52434
704	7	2.45000	0.52892	12825.00	27.00	3.22663
705	5	1.64286	0.50028	13509.00	29.00	2.68886
706	3	1.00000	0.44429	15101.00	11.00	1.72399
707	2	0.53333	0.46892	14354.00	12.00	1.37919
708	2	0.58333	0.44202	15174.00	12.00	1.37919
709	3	2.00000	0.41874	15969.00	7.00	1.74518
710	1	0.33333	0.39577	16845.00	5.00	0.50003
711	2	0.53333	0.40025	16666.00	14.00	1.47842
712	1	0.50000	0.34888	18991.00	3.00	0.21093
713	2	1.50000	0.36661	18115.00	4.00	1.00006
714	2	0.70000	0.38619	17241.00	12.00	1.37919
715	5	1.70000	0.40793	16369.00	21.00	2.60139
716	4	0.85000	0.43087	15544.00	26.00	2.39638
717	4	0.90000	0.39404	16915.00	20.00	2.27320
718	4	0.90000	0.40262	16573.00	24.00	2.35382
719	4	1.75000	0.40178	16606.00	16.00	2.21178
720	1	0.25000	0.38058	17482.00	7.00	0.70402
721	2	0.53333	0.46867	14361.00	14.00	1.47842
722	3	1.33333	0.45967	14625.00	11.00	1.72399
723	2	0.83333	0.43255	15487.00	8.00	1.16346
724	2	0.83333	0.40840	16351.00	8.00	1.16346
725	3	1.08333	0.38676	17217.00	11.00	1.72399
726	4	2.66667	0.36720	18087.00	8.00	2.54747
727	1	0.25000	0.34942	18963.00	7.00	0.70402
728	1	0.25000	0.34942	18963.00	7.00	0.70402
729	1	0.33333	0.34940	18964.00	5.00	0.50003
730	3	1.58333	0.36718	18088.00	9.00	1.69831
731	1	0.33333	0.44379	15117.00	5.00	0.50003
732	3	1.83333	0.47288	14241.00	9.00	1.69831
733	2	0.66667	0.49839	13557.00	10.00	1.27373
734	3	0.97619	0.53429	12705.00	17.00	1.89581
735	1	0.14286	0.52580	12896.00	13.00	1.14933
736	1	0.14286	0.52580	12896.00	13.00	1.14933
737	7	4.00000	0.56713	12020.00	17.00	3.63712
738	3	0.61905	0.54334	12508.00	25.00	2.13984
739	2	0.30952	0.53720	12641.00	24.00	1.89192
740	6	3.64286	0.52466	12922.00	22.00	2.94228
741	1	0.16667	0.48909	13798.00	11.00	1.01899
742	1	0.16667	0.48909	13798.00	11.00	1.01899
743	2	0.50000	0.48925	13794.00	14.00	1.47842
744	2	0.50000	0.48925	13794.00	14.00	1.47842
745	3	1.50000	0.46598	14439.00	7.00	1.74518
746	2	0.66667	0.46691	14412.00	10.00	1.27373
747	3	0.89286	0.49898	13542.00	17.00	1.89581
748	5	2.83333	0.48319	13956.00	13.00	2.75009
749	2	0.34286	0.49337	13686.00	20.00	1.74102
750	2	0.64286	0.49295	13697.00	16.00	1.57148
751	2	1.00000	0.46192	14558.00	6.00	1.05603
752	2	0.70000	0.45298	14828.00	12.00	1.37919
753	1	0.20000	0.45285	14832.00	9.00	0.87259
754	3	0.67619	0.51711	13098.00	21.00	2.02062
755	3	0.61905	0.54348	12505.00	25.00	2.13984

241

756	5	1.40000	0.39547	16857.00	25.00	2.63602
757	2	0.45000	0.36991	17961.00	12.00	1.37919
758	3	0.95000	0.38287	17383.00	15.00	1.83339
759	3	0.78333	0.36386	18245.00	17.00	1.89581
760	2	0.53333	0.35958	18452.00	14.00	1.47842
761	3	1.33333	0.34786	19044.00	11.00	1.72399
762	2	0.66667	0.33722	19617.00	10.00	1.27373
763	3	1.08333	0.35283	18788.00	11.00	1.72399
764	3	0.78333	0.34896	18987.00	13.00	1.77410
765	3	0.86667	0.34219	19345.00	13.00	1.77410
766	2	1.16667	0.34273	19316.00	12.00	1.37919
767	1	0.50000	0.32719	20192.00	3.00	0.21093
768	4	1.20000	0.34355	19272.00	20.00	2.27320
769	5	1.33333	0.34934	18967.00	23.00	2.61536
770	3	1.00000	0.33256	19880.00	13.00	1.77410
771	2	0.58333	0.32802	20143.00	8.00	1.16346
772	3	0.75000	0.33609	19680.00	9.00	1.69831
773	4	1.03333	0.35189	18836.00	16.00	2.21178
774	4	1.33333	0.33683	19639.00	10.00	2.29866
775	2	0.41667	0.34284	19310.00	18.00	1.65883
776	5	1.86667	0.37697	17641.00	21.00	2.60139
777	1	0.33333	0.27433	23913.00	5.00	0.50003
778	3	2.00000	0.28518	23037.00	7.00	1.74518
779	2	0.83333	0.27441	23907.00	8.00	1.16346
780	2	1.00000	0.28515	23039.00	6.00	1.05603
781	2	0.75000	0.30939	21303.00	10.00	1.27373
782	2	0.83333	0.29681	22169.00	8.00	1.16346
783	2	0.75000	0.30942	21301.00	10.00	1.27373
784	3	0.64286	0.33793	19578.00	19.00	1.95865
785	7	2.83333	0.35410	18724.00	33.00	3.20860
786	1	0.14286	0.33753	19600.00	13.00	1.14933
787	3	1.64286	0.33764	19594.00	17.00	1.89581
788	1	0.33333	0.32254	20470.00	5.00	0.50003
789	1	0.50000	0.30877	21344.00	3.00	0.21093
790	2	1.33333	0.32258	20468.00	6.00	1.05603
791	4	2.14286	0.33789	19580.00	20.00	2.27320
792	2	0.75000	0.32291	20448.00	10.00	1.27373
793	2	0.83333	0.33699	19630.00	8.00	1.16346
794	3	1.00000	0.35315	18772.00	19.00	1.95865
795	1	0.33333	0.32175	20518.00	5.00	0.50003
796	3	1.83333	0.33677	19642.00	9.00	1.69831
797	2	0.83333	0.32267	20462.00	8.00	1.16346
798	2	0.64286	0.33764	19594.00	16.00	1.57148
799	1	0.25000	0.36855	18024.00	7.00	0.70402
800	1	0.25000	0.32277	20456.00	7.00	0.70402
801	2	0.58333	0.32307	20438.00	12.00	1.37919
802	3	1.50000	0.33538	19720.00	9.00	1.69831
803	2	0.83333	0.32055	20592.00	8.00	1.16346
804	2	1.50000	0.30694	21466.00	4.00	1.00006
805	1	0.50000	0.29441	22342.00	3.00	0.21093
806	2	0.83333	0.35004	18931.00	8.00	1.16346
807	2	0.83333	0.36661	18115.00	8.00	1.16346
808	3	1.20000	0.38581	17257.00	15.00	1.83339
809	2	0.83333	0.40396	16521.00	8.00	1.16346

242

810	2	0.75000	0.42476	15755.00	10.00	1.27373
811	3	2.50000	0.42187	15857.00	5.00	2.11206
812	1	0.33333	0.39856	16733.00	5.00	0.50003
813	1	0.33333	0.39856	16733.00	5.00	0.50003
814	2	0.62500	0.48370	13942.00	18.00	1.65883
815	8	4.00000	0.48657	13865.00	28.00	3.53407
816	4	0.91667	0.48348	13948.00	20.00	2.27320
817	3	0.75000	0.46584	14443.00	13.00	1.77410
818	3	1.00000	0.48448	13921.00	15.00	1.83339
819	5	1.70000	0.56780	12007.00	17.00	2.61153
820	2	0.70000	0.52646	12881.00	10.00	1.27373
821	2	0.70000	0.53276	12739.00	10.00	1.27373
822	5	1.70000	0.57513	11865.00	21.00	2.60139
823	3	1.20000	0.53294	12735.00	13.00	1.77410
824	2	0.83333	0.49635	13609.00	6.00	1.05603
825	2	1.00000	0.46447	14483.00	4.00	1.00006
826	2	0.83333	0.49635	13609.00	6.00	1.05603
827	4	1.50000	0.52293	12962.00	18.00	2.23846
828	3	0.86667	0.56959	11972.00	23.00	2.08112
829	2	0.47619	0.54055	12568.00	18.00	1.65883
830	2	0.83333	0.54934	12381.00	8.00	1.16346
831	2	0.61111	0.58924	11602.00	20.00	1.74102
832	3	0.77778	0.61088	11222.00	23.00	2.08112
833	3	0.77778	0.58553	11670.00	23.00	2.08112
834	2	0.44444	0.54706	12429.00	22.00	1.81856
835	5	1.03730	0.55861	12190.00	35.00	2.78078
836	1	0.14286	0.49788	13570.00	13.00	1.14933
837	1	0.33333	0.43965	15251.00	5.00	0.50003
838	3	0.83333	0.49647	13606.00	17.00	1.89581
839	2	0.58333	0.54986	12370.00	12.00	1.37919
840	3	1.03333	0.55620	12239.00	13.00	1.77410
841	3	0.90000	0.57555	11857.00	17.00	1.89581
842	4	1.08333	0.45380	14803.00	20.00	2.27320
843	3	0.66667	0.43810	15302.00	15.00	1.83339
844	4	1.25000	0.47974	14050.00	14.00	2.20007
845	4	1.23333	0.38782	17172.00	18.00	2.23846
846	5	1.15000	0.40866	16341.00	25.00	2.63602
847	2	1.20000	0.37496	17731.00	10.00	1.27373
848	1	0.50000	0.35643	18607.00	3.00	0.21093
849	4	1.28333	0.47042	14311.00	18.00	2.23846
850	4	1.09286	0.44690	15018.00	26.00	2.39638
851	4	1.09286	0.48966	13783.00	26.00	2.39638
852	1	0.50000	0.52453	12925.00	3.00	0.21093
853	1	0.20000	0.51051	13256.00	9.00	0.87259
854	6	1.66667	0.49256	13707.00	22.00	2.94228
855	2	0.64286	0.56607	12041.00	16.00	1.57148
856	4	1.16667	0.33674	19644.00	12.00	2.21763
857	1	0.20000	0.35163	18849.00	9.00	0.87259
858	3	0.86667	0.41901	15959.00	13.00	1.77410
859	5	1.66667	0.42125	15879.00	19.00	2.59795
860	3	0.70000	0.53128	12772.00	19.00	1.95865
861	3	0.78333	0.48545	13895.00	15.00	1.83339
862	3	1.08333	0.48894	13802.00	11.00	1.72399
863	3	0.95000	0.44595	15048.00	15.00	1.83339

864	6	2.50000	0.56030	12156.00	18.00	3.03094
865	2	0.62500	0.60994	11238.00	18.00	1.65883
866	2	0.83333	0.37394	17777.00	8.00	1.16346
867	2	0.53333	0.42562	15725.00	14.00	1.47842
868	2	0.58333	0.40186	16603.00	12.00	1.37919
869	4	0.92619	0.45639	14724.00	24.00	2.35382
870	3	0.70000	0.44199	15175.00	15.00	1.83339
871	2	1.00000	0.40986	16296.00	6.00	1.05603
872	2	0.75000	0.55527	12258.00	10.00	1.27373
873	4	1.08333	0.48519	13902.00	16.00	2.21178
874	3	0.70000	0.53715	12642.00	17.00	1.89581
875	2	0.66667	0.44655	15029.00	10.00	1.27373
876	1	0.33333	0.30883	21340.00	5.00	0.50003
877	2	1.00000	0.29678	22171.00	6.00	1.05603
878	4	1.03333	0.51551	13136.00	22.00	2.31235

巴塞罗纳中心区空间句法数据统计分析：

INDEX	CONNEC	CONTROL	INTEGRATIO	TOTAL_DEPT	THREE_DEPT	INTEGRATIO
1	2	0.17424	1.69611	198.00	28.00	2.02771
2	7	1.01174	2.52532	154.00	61.00	3.43924
3	10	2.76174	2.58271	152.00	62.00	3.88150
4	12	3.38674	2.70570	148.00	64.00	4.19745
5	13	4.38674	2.77169	146.00	65.00	4.35758
6	13	2.75341	2.77169	146.00	65.00	4.35758
7	14	3.00341	2.77169	146.00	62.00	4.54724
8	10	1.84508	2.52532	154.00	58.00	3.86915
9	7	1.83750	2.04756	175.00	51.00	3.33878
10	5	0.79583	1.92609	182.00	45.00	2.93919
11	4	0.82917	1.84780	187.00	40.00	2.68644
12	3	0.39835	1.68355	199.00	35.00	2.40565
13	12	1.58897	2.77169	146.00	74.00	4.20328
14	16	3.66099	3.03039	139.00	74.00	4.79323
15	15	3.74432	2.95167	141.00	73.00	4.64264
16	12	2.69432	2.61240	151.00	68.00	4.19630
17	11	2.01813	2.73830	147.00	71.00	4.05769
18	8	1.71813	2.39241	159.00	64.00	3.60425
19	4	0.33718	1.81823	189.00	42.00	2.72489
20	2	0.16026	1.65897	201.00	32.00	2.15109
21	2	0.15385	1.65897	201.00	32.00	2.15109
22	4	1.08333	1.65897	201.00	28.00	2.43927
23	2	0.32143	1.58936	207.00	28.00	2.02771
24	3	0.25476	1.94255	181.00	43.00	2.58864
25	6	1.14762	2.06617	174.00	46.00	3.11866
26	8	1.13480	2.29575	163.00	62.00	3.58775
27	2	0.15385	1.65897	201.00	32.00	2.15109
28	2	0.18333	1.58936	207.00	26.00	1.96152
29	1	0.10000	1.50516	215.00	19.00	1.47452
30	2	0.47619	1.54611	211.00	18.00	1.65883
31	3	2.00000	1.15959	260.00	7.00	1.74518
32	1	0.33333	0.87752	323.00	5.00	0.50003
33	6	3.21591	1.77562	192.00	32.00	2.96080
34	2	0.50000	1.22853	249.00	16.00	1.57148
35	1	0.50000	0.90190	316.00	3.00	0.21093
36	2	1.16667	1.20253	253.00	12.00	1.37919
37	1	0.16667	1.18994	255.00	11.00	1.01899
38	1	0.16667	1.18994	255.00	11.00	1.01899
39	2	0.18333	1.58936	207.00	26.00	1.96152
40	1	0.08333	1.54611	211.00	23.00	1.65324
41	1	0.12500	1.43847	222.00	15.00	1.26722
42	1	0.07692	1.56744	209.00	25.00	1.73426
43	1	0.08333	1.51519	214.00	23.00	1.65324
44	2	0.59091	1.57833	208.00	22.00	1.81856
45	2	0.70000	1.38585	228.00	10.00	1.27373
46	5	0.82259	2.20659	167.00	55.00	3.08978
47	3	0.44286	1.56744	209.00	25.00	2.13984
48	2	1.10000	1.50516	215.00	20.00	1.74102
49	1	0.50000	1.06205	278.00	3.00	0.21093
50	2	0.56667	1.64695	202.00	30.00	2.09080
51	2	0.75000	1.23521	248.00	8.00	1.16346
52	1	0.14286	1.30620	238.00	13.00	1.14933
53	2	0.29167	1.42943	223.00	18.00	1.65883

54	3	0.89583	1.69611	198.00	33.00	2.35605
55	3	0.48168	1.68355	199.00	35.00	2.40565
56	2	0.40476	1.58936	207.00	28.00	2.02771
57	2	0.56667	1.69611	198.00	32.00	2.15109
58	2	1.00000	1.18994	255.00	6.00	1.05603
59	2	1.00000	0.93147	308.00	6.00	1.05603
60	2	1.00000	1.20253	253.00	6.00	1.05603
61	2	0.56250	1.72181	196.00	34.00	2.20880
62	2	0.12917	1.74830	194.00	36.00	2.26414
63	2	0.12917	1.74830	194.00	36.00	2.26414
64	2	0.12917	1.74830	194.00	36.00	2.26414
65	1	0.07692	1.56744	209.00	25.00	1.73426

246

巴黎中心区空间句法数据统计分析：

INDEX	CONNEC	CONTROL	INTEGRATIO	TOTAL DEPT	THREE DEPT	INTEGRATIO
1	10	3.36667	1.49268	212.00	36.00	3.98253
2	11	4.58333	1.39006	223.00	35.00	4.31441
3	1	0.20000	0.97548	291.00	9.00	0.87259
4	2	0.19091	1.14644	257.00	32.00	2.15109
5	1	0.09091	1.00184	285.00	21.00	1.56692
6	2	0.59091	1.01095	283.00	22.00	1.81856
7	2	0.83333	0.82680	332.00	6.00	1.05603
8	3	0.92424	1.06416	272.00	23.00	2.08112
9	3	0.52424	1.15838	255.00	33.00	2.35605
10	2	0.19091	1.14644	257.00	32.00	2.15109
11	6	1.35758	1.45365	216.00	38.00	3.02224
12	3	0.75000	1.07444	270.00	17.00	1.89581
13	4	1.25758	1.02967	279.00	24.00	2.35382
14	3	0.75758	1.02493	280.00	25.00	2.13984
15	2	0.42424	1.06416	272.00	26.00	1.96152
16	3	0.93333	1.10651	264.00	21.00	2.02062
17	3	0.60000	1.15238	256.00	27.00	2.19668
18	6	2.10758	1.62342	200.00	40.00	3.04546
19	3	0.51667	1.29308	235.00	27.00	2.19668
20	5	2.26667	1.33981	229.00	29.00	2.68886
21	2	0.53333	1.27821	237.00	14.00	1.47842
22	4	1.66667	0.91151	307.00	14.00	2.20007
23	3	0.91667	0.87563	317.00	13.00	1.77410
24	3	1.03333	1.04910	275.00	13.00	1.77410
25	3	1.03333	1.04910	275.00	13.00	1.77410
26	2	0.66667	0.81768	335.00	6.00	1.05603
27	3	0.87500	1.39880	222.00	23.00	2.08112
28	8	2.83333	1.62342	200.00	32.00	3.47598
29	3	0.79167	1.55531	206.00	29.00	2.25163
30	1	0.16667	1.11763	262.00	11.00	1.01899
31	4	1.41667	1.36447	226.00	18.00	2.23846
32	4	1.16667	1.50276	211.00	24.00	2.35382
33	4	0.91667	1.28560	236.00	20.00	2.27320
34	2	0.37500	1.36447	226.00	22.00	1.81856
35	4	0.95833	1.21535	246.00	26.00	2.39638
36	1	0.25000	0.75393	358.00	7.00	0.70402
37	4	2.58333	0.95455	296.00	12.00	2.21763
38	3	0.70833	1.17677	252.00	21.00	2.02062
39	2	0.37500	1.24949	241.00	20.00	1.74102
40	3	1.00000	1.07444	270.00	15.00	1.83339
41	2	1.25000	0.73161	367.00	8.00	1.16346
42	1	0.50000	0.60768	429.00	3.00	0.21093
43	2	0.75000	0.73161	367.00	8.00	1.16346
44	2	0.83333	0.83299	330.00	6.00	1.05603
45	3	0.91667	0.93058	302.00	11.00	1.72399
46	4	1.91667	0.93844	300.00	12.00	2.21763
47	3	1.58333	0.75393	358.00	9.00	1.69831
48	1	0.33333	0.62299	420.00	5.00	0.50003
49	1	0.25000	0.74384	362.00	7.00	0.70402
50	1	0.25000	0.75393	358.00	7.00	0.70402
51	1	0.50000	0.60602	430.00	3.00	0.21093
52	2	1.50000	0.72921	368.00	4.00	1.00006
53	2	0.83333	0.90779	308.00	8.00	1.16346
54	3	0.87500	1.18935	250.00	23.00	2.08112
55	2	0.75000	0.89321	312.00	10.00	1.27373
56	4	2.62500	1.16445	254.00	20.00	2.27320
57	1	0.25000	0.87909	316.00	7.00	0.70402
58	1	0.25000	0.87909	316.00	7.00	0.70402
59	2	1.00000	0.87219	318.00	6.00	1.05603
60	2	0.83333	1.10651	264.00	8.00	1.16346
61	2	1.10000	1.06416	272.00	20.00	1.74102
62	1	0.50000	0.82070	334.00	3.00	0.21093
63	2	0.58333	0.80583	339.00	8.00	1.16346
64	3	1.08333	0.80876	338.00	7.00	1.74518

致　谢

　　首先感谢我的博士导师康健、刘松茯教授，你们的广博学识和治学严谨的态度时刻感染着我。尤其是在博士阶段，康老师每两周一次的文献汇报督促我完成既定目标。12 年来，已经有上千封我与老师交流的 E-mail 记录，这已经成为学生做功课的日常习惯。康老师对论文付出的心血和科研探索的热情不断督促并激励着我踏踏实实地做研究，论文中每一个标点符号都凝结着老师的心血。康老师从来不打击我们，他一直以来都会鼓励我们探索发现声景相关领域，比如视听交互、从心理和社会学视角认识声景及优化指标设计等。

　　感谢由康老师创立，由孟琪、武悦老师和我组成的健康建筑与环境研究所，你们一直是我的科研智囊团，无论有任何问题都可以获取科研帮助的生活简直太美好！感谢在英国留学期间，谢菲尔德大学声学研究组的蒿奕颖、黄凌江、杨铭和 Yuliya Smymova 等人对我研究的关心和对我生活的照顾。感谢英国牧师 Shelia 和 Bill，正是在你们的帮助下我才完成了调查问卷的老年阶段问题答案的收集。感谢谢菲尔德所有的被访问者们，你们的真诚和热情让我感动。尤其感谢那个雨天还在露天唱歌的老爵士乐手，对生活的热爱本该如此，不因年龄和外界的干扰，只因有一份对生活的热爱，每每想起都会心有感触。

　　最后，感谢我的爸爸妈妈，你们总是给我提供最强大的物质和精神帮助，再多的言语也诉说不完我对你们深深的爱。爸爸虽然离开我已经 7 年了，但您的谆谆教导我每时每刻都记得，您曾经说过："只有大家生活好了，我们的小家才能生活好。"话语朴实，但是对我影响甚大，因为这个社会就是由一个个普通的小家组成的，我能做的就是尽可能让我的事业服务于我们

248

的祖国和人民，甚至世界人民。这也是康老师总教导我们的："科研本质就是要对世界知识体系有所贡献。哪怕一点点，踏踏实实地去做……"父亲和康老师是对我影响最大的人，感谢你们为我生活和科研指明方向，在我遇到困难时不计回报地付出，感谢所有我爱的人和爱我的人！

2020 年 10 月 8 日

土木楼